铁磁流体动力学

李明军　张荣培　著

科学出版社

北　京

内 容 简 介

全书共 10 章内容. 第 1 章为绪论, 介绍麦克斯韦电磁学理论, 铁磁流体力学基本内容、发展现状和应用. 第 2 章介绍铁磁流体的物理性质. 第 3 章介绍铁磁流体力学基本方程组, 包括铁磁流体组分、基本结构、基本物理参数、热磁不稳定性和体积分数等内容, 而铁磁流体的磁粘性(特别是自旋)特征将在第 4 章单独介绍. 第 5~7 章从铁磁流体力学基本方程组出发研究三类典型模型方程, 分别给出铁磁颗粒所受磁压、铁磁流体扩散抛物化稳定性方程组和铁磁流体热传导模型. 第 8 和 9 章分别给出铁磁流体化学机械抛光和铁磁流体发电两个典型应用实例. 第 10 章从理论上给出铁磁流体多孔介质的正定性和对称性定理, 可作为喜欢理论分析读者的补充资料.

本书可供从事铁磁流体动力学研究的科技人员及青年学者参考, 或作为相关领域的研究生教材, 也可作为理工科高等院校高年级学生课外学习的参考资料.

图书在版编目(CIP)数据

铁磁流体动力学/李明军, 张荣培著. —北京: 科学出版社, 2018.2
ISBN 978-7-03-056604-1

Ⅰ. ①铁⋯　Ⅱ. ①李⋯　②张⋯　Ⅲ. ①铁磁流体-磁流体动力学　Ⅳ. O361.3

中国版本图书馆 CIP 数据核字(2018) 第 033255 号

责任编辑: 王丽平 / 责任校对: 邹慧卿
责任印制: 张　伟 / 封面设计: 黄华斌

科学出版社 出版
北京东黄城根北街 16 号
邮政编码: 100717
http://www.sciencep.com

北京厚诚则铭印刷科技有限公司　印刷
科学出版社发行　　各地新华书店经销
*
2018 年 2 月第　一　版　开本: 720×1000 1/16
2021 年 6 月第三次印刷　印张: 11 1/2　插页: 1
字数: 222 000

定价: 88.00 元
(如有印装质量问题, 我社负责调换)

前　　言

本书著者从事铁磁流体动力学理论和实验研究与教学工作的十余年中, 一直使用 1985 年 Rosensweig 的开山之作 *Ferrohydrodynamics* 和 1993 年池长青等编著的《铁磁流体力学》, 毋庸置疑, 这两本书对初学者来说是必备读物. 1977 年在意大利乌迪内 (Udine) 市召开了首届磁流体国际会议, 开启了磁流体及其动力学研究的新阶段. 目前, 人们对磁流体的理论与应用研究涉及诸多领域, 其兴趣有增无减. 几年前, 在日本参加第十二届磁流体国际会议期间, 著者有幸认识了清华大学磁性液体密封专家李德才教授, 并一起参加了 2016 年在俄罗斯叶卡捷琳堡举办的第十四届磁流体国际会议.

随着铁磁流体力学理论和应用研究的进一步深入, 新的研究方向和研究成果不断涌现, 因此有必要写一本适合中国读者且涵盖铁磁流体力学研究领域呈现的新思想和新方法的书籍. 2014 年 11 月, 著者受邀参加云南师范大学和科学出版社联合组织的 "交叉创新数学应用" 专题出版会议, 受到极大鼓舞, 开始着手撰写本书. 本书的许多成果是在多项国家自然科学基金的资助下完成的, 在此深表谢意. 倪明玖教授和任忠鸣教授主持召开了中国首次 "磁流体力学学术研讨会", 之后每年召开一次, 大大增强了我国磁流体力学工作者的凝聚力, 对本书写作起到激励作用. 日本工程院院士山口博司、澳大利亚库克大学苏宁虎、北京大学张信荣和汕头大学牛小东等知名教授与著者的许多合作工作都包含在本书中, 在此表示感谢!

参与本书有关研究工作的研究生有郑秋云、唐树江、徐双艳、罗丰、张欢、李胜男、蔡振宇、王迪等, 他们长期以来组织铁磁流体力学讨论班, 帮助搭建铁磁流体发电实验台, 以及收集整理文献等, 每一项工作尽职尽责, 在此一并表示感谢!

本书凝聚着集体智慧, 而且经过长期酝酿和反复斟酌, 参考了近年来该领域所能查阅到的诸多经典著作. 写作过程中, 在用词和表述上特别注重与经典著作和文献资料的衔接, 以便读者查阅参考. 由于著者以往没有接触过铁磁流体非牛顿流的工作, 所以本书没有涉及此方面内容, 对此感兴趣的读者可参阅北京科技大学郑连存教授的《非线性偏微分方程近代分析方法》一书. 著者深感李德才的《磁性液体密封理论及应用》近乎完美, 故本书未涉及磁性液体密封内容. 著者虽倾尽全力但仍感觉能力和水平有限, 不当之处在所难免, 敬请读者批评指正. 著者联系方式: Email:alimingjun@163.com; 微信: 18309838001.

李明军　张荣培

2016 年 12 月于沈阳

目　　录

彩图

第 1 章　绪　　论

1.1　麦克斯韦电磁学理论

詹姆斯·克拉克·麦克斯韦 (James Clerk Maxwell，1831 ~ 1879) 出生于苏格兰爱丁堡, 英国物理学家、数学家, 经典电动力学的创始人, 统计物理学的奠基人之一 (图 1.1). 麦克斯韦是从牛顿到爱因斯坦这一整个阶段中最伟大的理论物理学家, 于 1873 年出版了科学名著《电磁理论》, 系统、全面、完美地阐述了电磁场理论. 这一理论成为经典物理学的重要支柱之一.

图 1.1　青年时代的麦克斯韦

在麦克斯韦以前, 人们就对电和磁这两个领域进行了广泛的研究, 人们都知道这两者是密切相关的. 适用于特定场合的各种电磁定律已被发现, 但是在麦克斯韦之前却没有形成完整、统一的学说. 麦克斯韦用列出的简短四元方程组 (但却非常复杂), 就可以准确地描绘出电磁场的特性及其相互作用的关系. 这样他就把混乱纷纭的现象归纳为一种统一完整的学说. 一个多世纪以来, 麦克斯韦方程组在理论和应用科学上都已经得到广泛研究.

麦克斯韦方程组的最大优点在于它的通用性, 在任何情况下都可以应用. 在此之前的所有电磁定律都可由麦克斯韦方程组推导出来, 许多从前没能解决的未知数也能在方程组推导过程中寻求答案. 这些新成果中最重要的结果都是由麦克斯韦本人推导出来的. 1865 年麦克斯韦发表《电磁场的动力学理论》, 为解决与光速之间的纯唯象问题提供了一个新的理论框架. 它以实验和几个普遍的动力学原理为根据, 证明了不需要任何有关分子涡旋或电粒子之间的力的专门假设, 电磁波在空间的传播就会发生. 在这篇论文中, 麦克斯韦完善了他的方程. 他采用拉格朗日和哈密顿创立的数学方法, 由该方程组直接导出了电场和磁场的波动方程, 其波动的传播速度为一个介电系数和磁导系数的几何平均的倒数, 接近每秒 300000 千米 (186000 英里), 这一速度正好等于光速. 这一结果再一次与麦克斯韦的推算结果完全一致, 至此电磁波的存在是确定无疑了. 由此, 麦克斯韦大胆断定, 光也是一种电磁波. 法拉第当年关于光的电磁论的朦胧猜想, 经过麦克斯韦的精心计算而变成科学的推论. 因此, 麦克斯韦方程组不仅是电磁学的基本定律, 也是光学的基本定律. 的确如此, 所有先前已知的光学定律可以由方程组导出, 许多先前未发现的事实和关系也可由麦克斯韦方程组导出. 在此基础上, 麦克斯韦认为光是频率介于某一范围之内的电磁波. 这是人类在认识光的本性方面的又一大进步. 正是在这一意义上, 人们认为麦克斯韦把光学和电磁学统一起来了, 这是 19 世纪科学史上最伟大的综合之一.

麦克斯韦方程组表明与可见光的波长和频率不同的其他电磁波也可能存在, 也就是说, 可见光并不是唯一的一种电磁辐射. 海因里希·鲁道夫·赫兹 (Heinrich Rudolf Hertz, 1857 ~ 1894) 公开演示证明了这些从理论上得出的结论. 赫兹不仅生产出而且检验出了麦克斯韦预言的不可见光波. 几年以后, 古列尔莫·耶尔摩·马可尼 (Guglielmo Marchese Marconi, 1874 ~ 1937) 证明这些不可见光波可以用于无线电通信, 无线电随之问世. 今天我们也用不可见光作为电视通信. X 射线、γ 射线、红外线、紫外线都是电磁波辐射的其他一些例子, 所有这些射线都可以用麦克斯韦方程组加以研究.

在物理学上, 麦克斯韦的《电磁理论》可与牛顿的《数学原理》、达尔文的《物种起源》相提并论. 从安培、奥斯特经法拉第、汤姆孙, 最后到麦克斯韦, 通过几代人的不懈努力, 电磁理论的宏伟大厦终于在麦克斯韦的系统总结之后建立起来. 麦克斯韦比以前更为彻底地应用了拉格朗日方程, 推广了动力学的形式体系. 麦克斯韦系统地总结了人类在 19 世纪中叶前后对电磁现象的探索研究轨迹, 其中包括库仑、安培、奥斯特、法拉第等不可磨灭的功绩, 更为细致、系统地概括了他本人的创造性努力的结果和成就, 从而建立起完整的电磁学理论.

麦克斯韦的主要贡献包括: 建立了麦克斯韦方程组, 创立了经典电动力学, 预言了电磁波的存在, 并且提出了光的电磁说. 麦克斯韦是电磁学理论的集大成者. 1831 年, 麦克斯韦诞生, 同一年电磁学理论奠基人法拉第提出电磁感应定律. 后来麦克斯韦与法拉第结成忘年之交, 共同构筑了电磁学理论的科学体系. 在物理学历史上, 人们认为牛顿的经典力学打开了机械时代的大门, 麦克斯韦的电磁学理论则为电气时代奠定了基石.

1.2 铁磁流体力学基本内容

普通流体所受外力作用一般只考虑重力场, 当考虑重力场之外其他不同场对流体的作用时, 我们主要关注如下三类特殊流体:

(1) 电动流体动力学 (electrohydrodynamics, EHD), 主要考虑电场对流体的作用, 一般不涉及磁场作用.

(2) 磁流体动力学 (magnetohydrodynamics, MHD), 同时考虑电场和磁场的综合作用, 这在等离子体物理尤其是磁约束聚变物理中很常见.

(3) 铁磁流体动力学 (ferrohydrodynamics, FHD 或者 ferrofluid mechanics, FFM), 主要考虑磁场对流体的动力学作用. 这是近几十年来出现的人工流体材料的动力学理论被深入研究并广泛应用于现代工业的典型范例.

洛伦兹力定律是荷兰物理学家亨德里克·安东·洛伦兹 (Hendrik Antoon Lorentz, 1853 ~ 1928) 于 1895 年建立经典电子论时, 作为基本假定而提出的, 后被大量实验结果所证实, 因此得名. 根据洛伦兹力定律, 如果电场和磁场同时存在, 则运动点电荷受力为电场力和磁场力之和, 从而描述洛伦兹力的洛伦兹力方程可以表达为

$$\boldsymbol{F} = q(\boldsymbol{E} + \boldsymbol{v} \times \boldsymbol{B}),$$

其中, $\boldsymbol{F}$ 是洛伦兹力, q 是带电粒子的电荷量, $\boldsymbol{E}$ 是电场强度, $\boldsymbol{v}$ 是带电粒子的速度, $\boldsymbol{B}$ 是磁感应强度. 在国际单位制中, 洛伦兹力的单位是牛顿, 符号是 N. 洛伦兹力有如下几个基本特性:

(1) 洛伦兹力方向总与运动方向垂直;

(2) 洛伦兹力永远不做功 (有束缚时, 其分力可以做功, 但总功一定为 0);

(3) 洛伦兹力不能改变运动电荷的速率和动能, 只能通过改变电荷的运动方向使之偏转.

电动流体和等离子体中带电颗粒在外磁场作用下, 同样受到洛伦兹力.

20 世纪 30 年代后期到 40 年代初期, 磁流体动力学已经成为一门完全成熟的学科. 1942 年, 阿尔芬波被发现, 这一现象是磁流体动力学特有的现象, 在天体物理中非常重要. 大约在同一时期, 地球物理学家开始怀疑地球磁场产生于地心的液态金属的力学行为. 1919 年, 拉莫尔首次在太阳磁场存在下提出假说, 引起长时间激烈的研究, 并持续至今.

铁磁流体力学是电磁学理论和流体力学基本理论相结合发展起来的一门新兴学科, 主要研究铁磁性流体在外磁场和温度梯度作用下的流动和传热过程. 1985 年

Rosensweig 的开山之作 *Ferrohydrodynamics* 掀起了铁磁流体力学研究的热潮.

铁磁流体由铁磁颗粒、表面活性剂和载体溶液三要素构成. 铁磁颗粒是一种直径约为 10nm 的铁磁纳米微粒, 通过吸附于表面的活性剂分子 (2nm) 而稳定分散于合适基液中所形成的一种胶态磁性材料, 通常源自磁铁矿、赤铁矿或者其他包含铁的混合物. 铁磁颗粒分散于载体溶液 (如油或水) 中, 表面活性剂吸附于铁磁颗粒表面, 即制成一种胶态磁性材料, 铁磁颗粒是一种人工材料. 铁磁流体拥有两个方面的明显特征, 既具有液体的流体特性, 又具有固体的磁性.

根据所含铁磁颗粒的不同, 铁磁流体可分为铁氧体系、金属系和氮化铁系 3 类. 根据基液的不同, 又可分为水基、油基、醚基和酯基 4 类. 铁磁流体在功能材料中是一支新秀, 既具有磁性又具有流动性. 由于具有交叉特性, 所以这种液体磁性材料应满足的性能要求是: 高的饱和磁化强度 (saturatior magnetization), 在常温下有长期的稳定性, 在重力和电磁力的作用下不沉淀, 有好的流动性. 铁磁流体一般不考虑电导率作用, 在外磁场作用下存在磁感应强度, 主要受到开尔文 (Kelvin) 力作用. 与普通流体相比, 铁磁流体具有以下特点.

(1) 铁磁流体和外界磁场的响应性. 在外加磁场作用下, 铁磁颗粒有悬浮在载体中的能力, 并将流向固定在磁场强度高的一方. 在垂直磁场作用下, 会自发地形成稳定的波峰.

(2) 铁磁流体的磁化强度 (magnetization) 感应性. 铁磁流体既具有液体的流动性, 又具有固体磁性材料的特性, 有感应磁通的能力. 调节外加磁场强度, 可以改变铁磁流体的表观比重和粘度, 能使磁性的铁磁颗粒稳定地悬浮在其中.

(3) 铁磁流体的磁粘滞现象. 在外磁场作用下, 磁场影响磁矩, 从而影响与流体有关的铁磁颗粒本身. 对磁矩与粒子为刚性联系的情形, Shiliomis 给出了旋转粘度理论. 在没有外磁场作用下, 磁性粒子之间的相互作用可以忽略, 铁磁流体的粘度和流体动力学粘度一样只和浓度有关. 对外加磁场的响应速度快, 撤去外磁场后, 铁磁流体中的磁性粒子很快呈现无规则分布, 即在无外加磁场时, 铁磁流体本身是不显磁性的.

(4) 超声波和光在铁磁流体中表现出较大的能量耗散和各向异性. 超声波在铁磁流体中传播时, 会受到较大的粘性作用, 能量的耗散会迅速加大. 速度衰减还与外磁场有关, 并显示各向异性. 它的介电常数也是各向异性的. 铁磁流体一般是不透明的, 光通过稀释的铁磁流体或铁磁流体的薄层时, 会产生双折射现象. 磁化时, 使相对于磁场方向具有光的各向异性, 具有高的折射率.

1.3　铁磁流体力学的发展现状

荷兰物理学家洛伦兹是经典电子论的创立者. 他认为电具有 "原子性", 电的本身是由微小的实体组成的. 后来这些微小实体被称为电子. 洛伦兹以电子概念为基础来解释物质的电性质. 从电子论推导出运动电荷在磁场中要受到力的作用, 即洛伦兹力. 这样当把光源放在磁场中时, 光源的原子内电子的振动将发生改变, 使电子的振动频率增大或减小, 导致光谱线的增宽或分裂. 1896 年 10 月, 洛伦兹的学生塞曼发现, 在强磁场中钠光谱的正线有明显的增宽, 即产生塞曼效应, 证实了洛伦兹的预言. 塞曼和洛伦兹共同获得 1902 年诺贝尔物理学奖.

早在 18 世纪下半叶, 英国自然哲学家 G. 奈特在磁学研究中就意识到铁磁流体的重要性和应用的可能性. 他试图将铁粉撒入水中制取铁磁流体, 但未成功.

1907 年, Pierre Weiss 提出磁畴 (domain) 的概念, 假想铁磁固体存在磁畴, 在磁畴内单个原子的磁矩具有固定方向, 磁畴的存在是能量极小化的结果, 这是物理学家列夫·朗道和叶津·李佛西兹 (Evgeny Lifshitz) 提出的观点. 假设一个铁磁性长方块是单独磁畴, 那么会有很多正磁荷与负磁荷分别形成于长方块的顶面与底面, 从而拥有较强烈的磁能. 假设铁磁性长方块分为两个磁畴, 其中一个磁畴的磁矩朝上, 另一个朝下, 则会有正磁荷与负磁荷分别形成于顶面的左右边, 又有负磁荷与正磁荷相反地形成于底面的左右边, 所以, 磁能较微弱. 假设铁磁性长方块是由多个磁畴组成的, 由于磁荷不会形成于顶面与底面, 只会形成于斜虚界面, 所以所有的磁场都包含于长方块内部, 磁能更微弱. 这种组态称为 "闭磁畴" (closure domain), 是最小能量态.

如果物体的总磁矩平衡, 也就是物体的总磁矩为 0, 则物体不显示磁性. 对物体而言不能无限地把自己分割成无限个磁畴, 所以需要用能量来构成磁畴壁 (magnetic domain walls). 当铁磁材料受到某一固定方向的磁场磁化时, 就会打破磁壁垒, 这时物体的总磁矩不再为零, 就会显示一定的磁性. 这一理论直到 1928 年才由沃纳·卡尔·海森伯 (Werner Karl Heisenberg) 通过量子理论来解释. 磁畴理论的建立为铁磁流体研究提供了很好的理论基础. 在学术上, 海森伯不仅开拓了量子力学的发展道路, 而且为物理学的其他分支 (如量子电动力学、涡动力学、宇宙辐射性物理和铁磁性理论等) 都做出了杰出的贡献, 获得 1932 年度的诺贝尔物理学奖.

1963 年美国的 Papell 获得了第一个铁磁流体制备专利, 并于 1965 年在美国国家航空航天局 (NASA) 航天产品的密封中被成功应用. 自此引发了对这种新型材料的研究开发和应用, 并不断取得新的进展, 人们迅速将实验结果转化为实用化产品. 1964 年 Neuringer 和 Rosensweig 在 *Physics of Fluids* 上发表有关铁磁流体的第一篇奠基性文章. 之后, 铁磁流体力学理论研究快速发展, 特别是美国和苏联在该领域取得了许多重要成就.

自铁磁流体发现以来, 铁磁流体的特殊力学行为就受到力学工作者的广泛关注. 国际上第一本系统描述铁磁流体力学的专著是 1985 年 Rosensweig 撰写的 *Ferrohydrodynamics*, 很好地总结了前人研究成果, 将麦克斯韦方程组和流体力学基本方程组结合起来, 形成一套完整的力学体系. 自此铁磁流体力学开始独立成为一门新兴学科分支.

由于铁磁流体和通常流体的物理性质存在很大差异, 在外部磁场作用下铁磁流体运动将表现出很多特殊的物理特征. Rosensweig 撰写的 *Ferrohydrodynamics* 以及 1993 年池长青等出版的第一本中文教材《铁磁流体力学》一直作为研究生教材, 前者已经出版 30 余年, 后者也有 20 余年. 铁磁流体力学在之后研究发展过程中产生了许多新概念, 获得了许多新的理论和应用研究成果, 这为本书提供了许多新的内容.

1977 年在意大利乌迪内市召开了首届磁流体国际会议, 对铁磁流体特性的研究和应用研究进展做了全面总结和回顾. 该会议是由勃坷夫斯基 (B. M. Berkovosky) 主持召开的 (库理科夫斯基等, 1966), 人们讨论了铁磁流体的制备及力学特性. 此后, 国际磁流体会议每三年召开一次. 第十四届国际磁流体会议 (ICMF14) 于 2016 年 7 月 3 日 ~ 7 月 8 日在俄罗斯叶卡捷琳堡举行 (图 1.2). 此次大会受邀代表 150 人, 到会 146 人, 其中中国代表 5 人, 并有 2 人发表成果. 本次会议包括物理性质、传质与传热、理论与计算机模拟、磁性聚合物复合材料、结构与流变特性、生物医学及其应用等六个专题, 著者受邀参加了本次会议, 并发表学术论文 *Elliptical characteristics analysis for parabolized stability equations of magnetic fluid motion.*

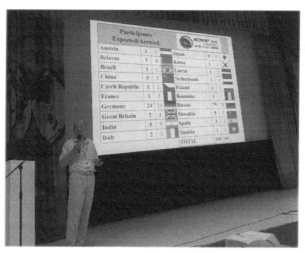

图 1.2   Ural Federal 大学 Ivanov 教授介绍第十四届国际磁流体会议参会情况

1.4   铁磁流体力学的应用

铁磁流体力学主要研究铁磁流体以质量、动量和能量守恒方程组以及麦克斯韦方程组作为基本控制方程的铁磁流体的力学行为, 针对研究在外磁场作用下以铁磁流体为工作介质的工程实际应用问题中的流动和传热过程. 一直以来人们认为强磁性材料是指磁性固体材料, 但随着铁磁流体的深入研究和广泛应用, 人们开始认识到铁磁流体等磁流体也是一类新型磁性材料, 并和纳米材料紧密相关. 20 世纪 70 年代我国开始进行铁磁流体的基础研究和应用探索. 目前, 应用最广的便是磁流体密封、铁磁流体的重力分选技术以及加速度计等方面.

　　随着深空、深海、深地、核能、化工、军工和石油等高科技领域的迅速崛起, 对设备的密封性能要求越来越高, 传统密封已经很难满足泄漏率、使用寿命方面的苛刻要求. 磁流体密封是一种新型的密封形式, 它具有零泄漏、长寿命、高可靠性、适用特殊工况等突出优点, 但该类密封涉及很多学科, 技术难度很高. 国内磁性液体密封研究领域有代表性的工作主要是清华大学李德才创新团队的研究工作, 一些特色成果包括在《磁性液体密封理论及应用》一书中, 有兴趣的读者可以查阅.

　　近年来, 铁磁流体在医学上的应用日益受到人们关注, 被称为 "生物导弹", 在外磁场作用下, 磁流体作为药物的载体可以在人体内靶向给药, 对治疗肿瘤效果显著, 另外也用于 X 射线或 NMR 诊断中的不透光材料. 此外, 在生物医学领域也得到了广泛应用, 铁磁流体能够对身体的特定部位加热治疗癌症, 用交替的外部磁场切除肿瘤. 在采矿过程中, 某些流体在磁场或电场与磁场的联合作用下能够磁化, 从而呈现 "似加重现象", 对位于分布在流体中的 (非磁性) 颗粒产生磁浮力作用, 这些流体称为磁流体, 是非常稳定的两相流体. 似加重后的密度称为 "表观密度"(apparent density), 可以通过改变外加磁场强度、磁场梯度或电场强度来调节 "表观密度" 大小. 由于 "表观密度" 比介质本身的密度高许多倍, 而分布在流体中的 (非磁性) 颗粒并不磁化, 所以流体对颗粒产生很大的浮力 (可以达到原来的许多倍). 依据磁流体的这一特殊性质发展的磁流体分选技术, 可用来分选密度范围较广的物料. 根据分选原理及分选介质的不同, 磁流体分选技术可分为磁流体动力分选和磁流体静力分选两种. 磁流体分选不仅可以将磁性物料与非 (弱) 磁性物料分开, 也可以将各种非 (弱) 磁性物料按密度差异分离开, 这又使磁流体分选不同于一般普通磁选, 所以有人把磁流体分选称为第二类磁选或特殊磁选. 磁流体分选可用于分选有色、稀有和贵金属矿石 (锡、锆、金矿等)、黑色金属矿石 (铁、锰矿等)、煤炭、非金属矿石 (金刚石、钾盐等). 在岩矿鉴定中磁流体可代替重液进行矿物颗粒的分离. 在固体废物的处理和利用中, 磁流体分选法占有特殊的地位, 它不仅可分选各种工业废渣, 而且可从城市垃圾中分选铝、铜、锌、铅等金属.

　　最近, 人们成功开发了比铁氧体饱和磁化强度更大的纳米金属铁粉分散于液体中的铁磁流体, 它是一种在水中添加粒径大的正离子或负离子 (取代表面活性剂) 而将铁磁性纳米颗粒分散于液体中的离子性铁磁流体. 目前, 在铁磁流体中分散的铁磁颗粒仅限于粒径 10nm 左右, 但可以通过改变所分散的铁磁性颗粒和表面活性剂的性质来适应其各种用途. 当采用感温性铁氧体时, 铁磁性颗粒可应用于铁磁流体泵和热泵. 溶剂采用液态金属时则可制备成导电性磁流体, 而溶剂采用弹性橡胶时可制成磁性橡胶. 如果采用气体作为介质还可制成铁磁性气体.

铁磁流体的应用现已扩展到机械、电子、能源、化工、冶金、船舶、航天、遥测、仪表、印刷、环保、卫生、医疗等诸多领域, 在密封、冷却、润滑、医学、发动机、压缩机、换能器、计量阀、造影剂、生物学、精密研磨、阻尼减振、矿物分离、油水分离、快速印刷、定向淬火、执行元件、磁畴观察、各向异性以及其他方面有着新的应用, 是唯一具有工业实用价值的液体磁性智能化功能材料.

参 考 文 献

博伊德, 等. 1977. 等离子体动力学. 戴世强, 等译. 北京: 科学出版社.

池长青. 1993. 铁磁流体力学. 北京: 北京航空航天大学出版社.

池长青. 2011. 铁磁流体的物理学基础和应用. 北京: 北京航空航天大学出版社.

库理科夫斯基, 等. 1966. 磁流体力学. 徐复, 等译. 合肥: 中国科学技术大学出版社.

李德才. 2003. 磁性液体理论及应用. 北京: 科学出版社.

李德才. 2010. 磁性液体密封理论及应用. 北京: 科学出版社.

李学慧. 2009. 纳米磁性液体——制备、性能及其应用. 北京: 科学出版社.

山口博司. 2011. 磁性流体. 东京: 森北出版社株式会社.

吴其芬, 李桦. 2007. 磁流体力学. 长沙: 国防科技大学出版社.

周文运. 1991. 永磁铁氧体和磁性液体设计工业. 成都: 电子科技大学出版社.

Berkovsky B M, Medvedev V F, Krakov M S. 1993. Magnetic Fluids Engineering Application. Oxford: Oxford University Press.

Blums E, Cebers A, Maiorov M M. 1997. Magnetic Fluids. Berlin: Walter de Gryuter and Co.

Davidson P A. 2011. An Introduction to Magnetohydrodynamics. Cambridge: Cambridge University Press.

Ivanov A. 2016. 14th International Conference on Magnetic Fluids, Book of Abstracts. Ekatricburg, Russia: Ural Federal University.

Martin C R. 1994. Nanomaterials: A membrane-based synthetic approach. Science, 266(5193): 1961-1966.

Odenbach S. 2002. Magnetoviscous Effects in Ferrofluids. New York: Springer-Verlag.

Rosensweig R E. 1985. Ferrohydrodynamics. Mineola, New York: Dover Publications.

Yamaguchi H. 2008. Engineering Fluid Mechanics. New York: Springer-Verlag.

第2章　铁磁流体的物理性质

2.1　铁磁畴结构理论

2.1.1　铁磁矿

铁磁性的颗粒能够携带古地磁场信息, 这便是古地磁学的基础. 铁是地壳中最丰富的元素之一, 含量为 4.75%, 在金属中仅次于铝. 铁分布很广, 能稳定地与其他元素结合, 常以氧化物的形式存在, 有赤铁矿 (主要成分是 Fe_2O_3)、磁铁矿 (主要成分是 Fe_3O_4)、褐铁矿 (主要成分是 $Fe_2O_3 \cdot 3H_2O$)、菱铁矿 (主要成分是 $FeCO_3$)、黄铁矿 (主要成分是 FeS_2)、钛铁矿 (主要成分是 $FeTiO_3$) 等. 土壤中也含铁 $1\% \sim 6\%$. 磁铁矿在矿物学上属于氧化物, 呈现强磁性, 常见的化合价为 +2 和 +3 价. 磁铁矿的晶体结构和一般尖晶石的结构略有不同, 主要表现在磁铁矿中二价铁离子和三价铁离子分别填充半数八面体 (B), 其余三价铁离子填充一些四面体空隙 (A), 共同形成倒置的尖晶石晶体结构 (图 2.1).

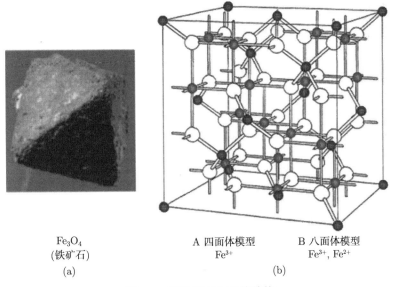

Fe_3O_4　　　　A 四面体模型　　B 八面体模型
(铁矿石)　　　　　Fe^{3+}　　　　Fe^{3+}, Fe^{2+}
(a)　　　　　　　　　　(b)

图 2.1　磁铁矿立方晶体结构

铁磁流体由铁磁颗粒、表面活性剂和载体溶液三要素构成. 铁磁颗粒通常源自磁铁矿、赤铁矿或者其他包含铁的混合物. 铁磁颗粒分散于载体溶液 (如油或水)

中, 表面活性剂吸附于铁磁颗粒表面即制成一种胶态磁性材料. 铁磁颗粒是一种人工材料.

　　铁磁流体的矫顽力 (coercive force) 是指铁磁流体在饱和磁化后, 外磁场退回到零时其磁感应强度 B 并不退到零, 只有在原磁化场相反方向加上一定大小的磁场才能使磁感应强度退回到零, 该磁场称为矫顽磁场, 又称矫顽力, 单位是奥斯特 (Oe) 或安/米 (A/m), 1A/m=79.6Oe. 矫顽力分为磁感矫顽力 (H_{cb}) 和内禀矫顽力 (H_{cj}). 磁体在反向充磁时, 使磁感应强度降为零所需反向磁场强度的值称为磁感矫顽力. 但此时磁体的磁化强度并不为零, 只是所加的反向磁场与磁体的磁化强度作用相互抵消 (对外磁感应强度表现为零), 此时若撤销外磁场, 磁体仍具有一定的磁性能.

　　使铁磁流体的磁化强度 M 降为零所需施加的反向磁场强度, 称为铁磁流体的内禀矫顽力. 内禀矫顽力是衡量铁磁流体抗退磁能力的一个物理量, 是表示铁磁流体中的磁化强度 M 退到零的矫顽力. 铁磁流体的矫顽力越高, 温度稳定性越好.

　　物质的磁性分为六类:

　　(1) 抗磁性 (反磁性) 指一种弱磁性. 组成物质的原子中, 运动的电子在磁场中受电磁感应而表现出的属性. 外加磁场使电子轨道动量矩绕磁场运动, 产生与磁场方向相反的附加磁矩, 故抗磁化率 k 为很小的负值 ($10^{-6} \sim 10^{-5}$ 量级). 因此, 所有物质都具有抗磁性.

　　(2) 顺磁性 (paramagnetism) 是指材料对磁场响应很弱的磁性, 用磁化率 $k = M/H$ 来表示 (M 和 H 分别为磁化强度和磁场强度). 从这个关系来看, 磁化率 k 是正的, 即磁化强度与磁场强度方向相同, 数值为 $10^{-6} \sim 10^{-3}$ 量级.

　　(3) 超顺磁性 (superparamagnetism) 是指铁磁物质的颗粒小于临界尺寸时具有的单畴结构, 在较高温度下表现为顺磁性特点, 但在外磁场作用下其顺磁性磁化率比一般顺磁材料的大好几十倍, 称为超顺磁性. 临界尺寸与温度有关, 铁磁性转变成超顺磁性的温度常记为 T_B, 称为转变温度.

　　(4) 铁磁性是指物质中相邻原子或离子的磁矩由于它们的相互作用而在某些区域中大致按同一方向排列, 当所施加的磁场强度增大时, 这些区域的合磁矩定向排列程度会随之增加到某一极限值的现象.

　　(5) 亚铁磁性 (铁氧体磁性) 是在无外加磁场的情况下, 磁畴内相邻原子间电子的交换作用或其他相互作用, 使它们的磁矩在克服热运动的影响后, 处于部分抵消的有序排列状态, 以至于还有一个合磁矩的现象.

　　(6) 反铁磁性是指在原子自旋 (磁矩) 受交换作用而呈现有序排列的磁性材料中, 如果相邻原子自旋间是受负的交换作用, 自旋为反平行排列, 则磁矩虽处于有序状态 (称为序磁性), 但总的净磁矩在不受外场作用时仍为零. 这种磁有序状态称为反铁磁性. 注: ① 当这种材料加上磁场后其磁矩倾向于沿磁场方向排列, 即材料显示出小的正磁化率. 但该磁化率与温度相关, 并在奈尔点有最大值. ② 用主要磁现象为反铁磁性物质制成的材料, 称为反铁磁材料.

2.1.2 铁磁畴结构理论

铁磁畴 (magnetic domain) 理论是 Landon-Lifshits 在 1935 年首先提出的, 用量子理论从微观上说明铁磁质的磁化机理. 铁磁畴是指磁性材料内部的一个个小区域, 每个区域内部包含大量原子, 这些原子的磁矩都像一个个小磁铁那样整齐排列, 但相邻的不同区域之间原子磁矩排列的方向不同.

假设一个铁磁性长方块是单独磁畴 (图 2.2(a)), 则会有很多正磁荷与负磁荷分别形成于长方块的顶面与底面, 从而拥有较强烈的磁能. 假设铁磁性长方块分为两个磁畴 (图 2.2(b)), 其中一个磁畴的磁矩朝上, 另一个朝下, 则会有正磁荷与负磁荷分别形成于顶面的左右边, 又有负磁荷与正磁荷相反地分别形成于底面的左右边, 所以, 磁能较微弱, 大约为图 (a) 的一半. 假设铁磁性长方块是由多个磁畴组成的, 如图 2.2(c) 所示, 则由于磁荷不会形成于顶面与底面, 只会形成于斜虚界面, 所以所有的磁场都包含于长方块内部, 磁能更微弱. 这种组态称为 "闭磁畴", 是最小能量态. 磁畴的存在是能量极小化的结果.

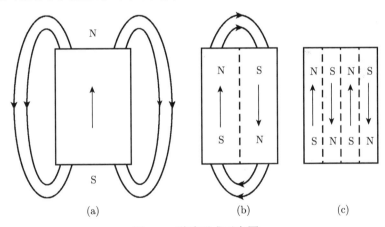

图 2.2 磁畴形成示意图

在铁磁质中相邻电子之间存在着一种很强的 "交换耦合" 作用, 在无外磁场的情况下, 它们的自旋磁矩能在一个个微小区域内 "自发地" 整齐排列起来而形成自发磁化小区域, 称为磁畴. 在未经磁化的铁磁质中, 虽然每一磁畴内部都有确定的自发磁化方向, 有很大的磁性, 但大量磁畴的磁化方向各不相同, 因而整个铁磁质不显磁性.

各个磁畴之间的交界面称为磁畴壁. 宏观物体一般总是具有很多磁畴, 这样, 磁畴的磁矩方向各不相同, 结果相互抵消, 矢量和为零, 整个物体的磁矩为零, 它也就不能吸引其他磁性材料. 也就是说磁性材料在正常情况下并不对外显示磁性, 只有当磁性材料被磁化以后, 它才能对外显示出磁性.

当铁磁质处于外磁场中时, 那些自发磁化方向和外磁场方向成小角度的磁畴, 其体积随着外加磁场的增大而扩大并使磁畴的磁化方向进一步转向外磁场方向. 另一些自发磁化方向和外磁场方向成大角度的磁畴其体积则逐渐缩小, 这时铁磁质对外呈现宏观磁性. 当外磁场增大时, 上述效应相应增大, 直到所有磁畴都沿外磁场排列达到饱和. 由于在每个磁畴中各单元磁矩已排列整齐, 所以具有很强的磁性. 在居里温度以下, 铁磁或亚铁磁材料内部各自具有很多自发磁矩, 且磁矩形成很多小区域, 它们排列的方向紊乱, 如不加磁场进行磁化, 从整体上看, 磁矩为零; 当有外磁场作用时, 磁畴内一些磁矩转向外磁场方向, 使得与外磁场方向接近一致的总磁矩得到增加, 这类磁畴得以增大, 而其他磁畴变小, 结果是磁化强度增高. 随着外磁场强度的进一步增高, 磁化强度增大, 但即使磁畴内的磁矩取向一致, 成了单一磁畴区, 其磁化方向与外磁场方向也不完全一致. 只有当外磁场强度增加到一定程度时, 所有磁畴中磁矩的磁化方向才能全部与外磁场方向取向完全一致. 此时, 铁磁体就达到磁饱和状态, 即饱和磁化. 饱和磁化值称为饱和磁感应强度 (B_s). 一旦达到饱和磁化, 即使磁场减小到零, 磁矩也不会回到零, 残留下一些磁化效应. 这种残留磁化值称为残余磁感应强度 (以符号 B_r 表示). 若加上反向磁场, 使剩余磁感应强度回到零, 则此时的磁场强度称为矫顽磁场强度或矫顽力 (H_c).

从物质的原子结构观点来看, 铁磁质内电子间因自旋引起的相互作用是非常强烈的, 在这种作用下, 铁磁质内部形成了一些微小的自发磁化区域, 叫做磁畴. 每一个磁畴中, 各个电子的自旋磁矩排列得很整齐, 因此它具有很强的磁性. 磁畴的体积为 $10^{-12} \sim 10^{-9} \mathrm{m}^3$, 内含 $10^{17} \sim 10^{20}$ 个原子. 在没有外磁场时, 铁磁质内各个磁畴的排列方向是无序的, 所以铁磁质对外不显磁性. 当铁磁质处于外磁场中时, 各个磁畴的磁矩在外磁场的作用下都趋向于外磁场方向, 沿外磁场中的磁化程度变得非常大, 它所建立的附加磁场强度 B 比其他方向的磁场强度在数值上一般要大几十倍到数千倍, 甚至达数万倍. 从实验中得知, 铁磁质的磁化和温度有关. 随着温度的升高, 它的磁化能力逐渐减小, 当温度升高到某一温度时, 铁磁性完全消失, 铁磁质退化成顺磁质, 这个温度叫做居里温度或居里点. 这是因为铁磁质中自发磁化区域因剧烈的分子热运动而遭破坏, 磁畴也就瓦解了, 铁磁质的铁磁性消失, 过渡到顺磁质. 由实验知道, 铁的居里温度是 1043K, 78% 坡莫合金的居里温度是 873K, 45% 坡莫合金的居里温度是 673K.

2.2　铁磁流体基载液和表面活性剂特性

作为磁性液体的基载液需要具备一些基本特性: 低蒸发率、低粘度和高化学稳定性, 以及耐高温和抗辐射特性等. 这些特性在某种程度上并不相容, 在制备所需要的磁性流体过程中经常会遇到无法逾越的困难, 有时甚至有所舍取. 通常采用的基载液及制备的磁性液体的用途举例如表 2.1 所示 (唐有祺, 1957; 徐光宪, 1961; Adams, 1974).

表 2.1 供磁性液体制备使用的载液 (李德才, 2010)

载液名称	所制备磁性液体的特点及用途举例
水	pH 值可在较宽范围内改变, 价格低廉, 制备工艺简便, 适用于医疗、磁性分离、选矿、显示及磁带、磁泡检验
酯及二酯	蒸气压较低, 适用于真空及高速密封等
精制合成油	类似酯及二酯制备出的磁性液体, 蒸气压较低
硅酸盐酯类	耐寒性好, 适用于低温条件
碳氢化合物	粘度低, 适用于高速密封, 各类碳氢化合物可参混
氟碳基化合物	具有不易燃、宽温、不溶于其他载液的特性, 适用于活泼性环境, 如在臭氧、氯气等特别环境中使用
聚苯基醚	蒸气压低, 粘度低, 适用于高真空和辐射阻抗大于 106Gy 的环境
水银	可作 Fe,Co,Fe-Ni 等磁性颗粒的载液, 饱和磁化强度大

选用合适的表面活性剂对磁性液体制备非常重要, 这关系到磁性液体能否制备成功, 所制备的磁性液体是否符合应用需求. 表面活性剂主要用来防止磁性颗粒氧化, 削弱静磁吸引力, 克服范德瓦耳斯力的颗粒凝聚. 用于制备铁磁流体的表面活性剂具有特殊的分子结构, 一头形成对磁性颗粒界面产生高度亲和力的锚群, 另一头分散在载液中形成弹性尾部. 表 2.2 列出了常用磁性液体的载液对应的几类典型表面活性剂.

表 2.2 供磁流体制备使用的部分表面活性剂(Adams, 1974)

载液名称	适用于该类磁流体的表面活性剂及用途举例
水	不饱和脂肪类, 如油酸、亚麻酸等
酯及二酯, 精制合成油	油酸、亚油酸、亚麻酸或相应的酯酸
氟碳基化合物	氟醚酸、氟醚磺酸等
硅油	硅烷偶联剂、羟基聚二甲基硅氧烷等
聚苯基醚	苯基十一烷酸、邻苯氧基苯甲酸

如图 2.3 所示, 对于足够大的钴粒子 (15nm), 研究结果表明颗粒之间会表现出明显的聚类和链接. 在外磁场不存在的情况下 (磁场强度等于 0), 钴粒子形成开环结构, 不存在特别的空间方向. 当外磁场大于 1T 时, 磁性颗粒形成长链, 方向朝向外磁场. 这些结果和在电子显微镜下研究钴的分散体行为结论一致 (Hess and Parker, 1966; Martinet, 1974; Chantrell et al., 1982).

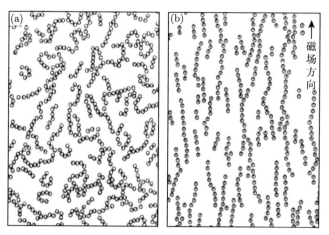

图 2.3　二维 Monte Carlo 模拟 (Chantrell et al., 1982)

(a) 无外磁场作用下聚集; (b) 外磁场作用下聚集形成链状

2.3　铁磁流体颗粒的基本结构及其稳定性

考虑所制备的铁磁流体中铁磁颗粒稳定存在的某种机制, 分析出其中的简单物理因素是很有意义的. 量纲分析可以用来给出物理的或化学的稳定性判据. 讨论之前, 可以首先写出各种能量表达式. 铁磁颗粒的热能可以表示为

$$E_{\mathrm{T}} = k_{\mathrm{B}} T, \tag{2.3.1}$$

其中, $k_{\mathrm{B}} = 1.38 \times 10^{-23} (\mathrm{N \cdot m})/\mathrm{K}$, 为玻尔兹曼 (Boltzmann) 常量, T 为开尔文绝对温度. 铁磁颗粒的热能足以保证铁磁流体充分混合, 因此, 它既需要高于铁磁颗粒在引力场中的重力势能也需要高于磁场中的磁力 (开尔文力和洛伦兹力) 能量. 作为一个例子, 我们将在这里简要地讨论在磁场梯度下沉淀的稳定性参数. 只要热能足以使颗粒在强磁场区域和引力场作用区域自由移动, 就可以避免沉淀. 在磁场强度讨论中, 这一步可以代替理想的磁场梯度. 铁磁颗粒的能量可以表示为 (Landau and Lifschitz, 1935)

$$|E_{\mathrm{H}}| = \mu_0 m H V, \tag{2.3.2}$$

其中, m 表示铁磁颗粒的磁矩, μ_0 为真空磁导率, 取值为 $4\pi \times 10^{-7} \mathrm{N/A}^2$, $V = (\pi d^3/6)\mathrm{m}^3$ 表示直径等于 d 的球状颗粒的体积, 利用铁磁颗粒磁性材料的自发磁化强度 M_0, 可以将磁矩表示为

$$m = M_0 \frac{\pi}{6} d^3, \tag{2.3.3}$$

其中, d 表示铁磁颗粒的粒度. 下面比较重力势能以及热能和磁能的关系.

2.3.1 克服重力场的稳定性问题

在重力作用下, 铁磁颗粒具有不断下沉的趋势, 另一方面单个铁磁颗粒在烧杯中由于分子热运动倾向于保持粒子分散在铁磁流体基载液体中.

这类似于在任何给定点上的单向力的磁力. 重力对磁力的相对影响描述成如下比值:

$$\frac{\text{重力势能}}{\text{磁能}} = \frac{\Delta \rho g L}{\mu_0 M H}. \tag{2.3.4}$$

将铁磁流体放置在一个小烧杯中, 若取典型参数附加值为 $L = 0.05\text{m}$ 和 $\Delta \rho = \rho_{\text{solid}} - \rho_{\text{fluid}} = 4300\text{kg/m}^3$, $g = 9.8\text{m/s}^2$, 则式 (2.3.4) 中比值为 0.047. 因此, 重力对这些磁性流体的下沉作用比磁力要小得多.

上述考虑的是在隔离或粒子数浓度梯度较大的情况下的稳定性问题 (图 2.4). 假设铁磁颗粒之间是单一分散的, 也就是说颗粒之间不相互粘连, 这已经不是一件轻松的工作, 将来会进行更深入讨论.

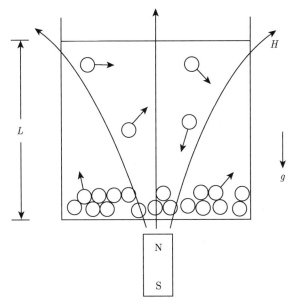

图 2.4 在梯度磁场的作用下铁磁颗粒的聚集

这是粒子热运动产生的扩散和有限粒度产生的空间位阻

2.3.2 避免凝聚的稳定性问题

典型胶状的铁磁流体包含颗粒量级为每立方米 10^{23}, 而且颗粒之间频繁碰撞.

因此, 如果颗粒粘连在一起, 会迅速凝聚起来. 铁磁颗粒被永久地磁化, 为了保证一对直径为 d 的铁磁颗粒保持分离, 需要足够大的能量. Rosensweig(1985) 所著文献中式 (1.20) 给出的能量关系是 $m_1 \cdot m_1 = m^2$, $(m_1 \cdot r)(m_2 \cdot r) = m^2 r^2$, 而 $m = \mu_0 M d^3/6$. 一对铁磁颗粒之间的能量 E_{dd} 为

$$E_{dd} = \frac{\pi}{9} \frac{\mu_0 M^2 d^3}{(l+2)^3}, \tag{2.3.5}$$

其中, $l = 2s/d$ 为磁颗粒表面之间的距离. 若两磁颗粒接触, $l = 0$, 则

$$\frac{\text{热能}}{\text{偶极子与偶极子接触能}} = \frac{12 k_B T}{\mu_0 M^2 V}. \tag{2.3.6}$$

因此, 为了避免粒子之间集聚, 比率必须大于整体 1, 由此可知颗粒大小为

$$d \leqslant (72 k_B T / \pi \mu_0 M^2)^{1/3}. \tag{2.3.7}$$

对处于室温下的铁磁颗粒, 式 (2.3.7) 给出 $d \leqslant 7.8\text{nm}$. 这个估计显示正常的铁磁流体的直径在 10nm 范围内, 这成为铁磁流体避免凝聚现象发生的阈值. 无论如何, 还有另外一些问题需要克服, 须进一步讨论.

当磁场梯度沉降稳定性的能量 $E_H < E_T$ 时, 可以推出

$$k_B T > \mu_0 M_0 \frac{\pi}{6} d^3 H. \tag{2.3.8}$$

如果在磁场中磁分离可以忽略不计, 我们最终获得如下铁磁颗粒允许的最大尺寸为

$$d < \left(\frac{6 k_B T}{\mu_0 M_0 \pi H} \right)^{\frac{1}{3}}. \tag{2.3.9}$$

取典型外磁场的磁场强度 $H = 8 \times 10^4 \text{A/m}$ 以及磁铁矿 (Fe_3O_4) 的自发磁化强度 $M_0 = 4.46 \times 10^5 \text{A/m}$, 绝对温度 $T = 298\text{K}$, 从式 (2.3.6) 可以计算得到最大粒径 $d_{\max} = 8.1\text{nm}$, 实际铁磁颗粒的粒径约为 10nm. 若铁磁颗粒和载液之间的密度差为 $\Delta\rho$, 那么, 重力场引起的重力势能 $E_g = \Delta\rho g h \pi d^3 / 6$. 类似地, 在考虑铁磁颗粒的重力稳定性的情况下, 可以计算获得铁磁颗粒的最大粒径为 10nm, 其中 g 表示重力加速度, h 表示样品的高度.

通过保持铁磁颗粒的最大直径, 能明显地保证悬浮液的沉降稳定性, 另外必须避免这些颗粒聚集, 如图 2.4 所示, 因为这会增加它们的有效直径, 从而通过沉降引起悬浮液的不稳定. 首先, 原则上磁偶极相互作用能可以抵抗铁磁颗粒集聚. 其次, 反作用的影响是相互作用粒子的热运动, 从而稳定参数可以表示为之前的两相互作用颗粒之间热能而获得的磁偶极相互作用能 (Landau and Lifschitz, 1935) 的比较

$$2 k_B T > \frac{\mu_0}{2\pi} \frac{m^2}{r^3}. \tag{2.3.10}$$

这里假设铁磁颗粒之间的磁矩是平行的, 如图 2.5 所示, 相关的向量对应记为 r. 用粒径 d 与颗粒表面距离 δ 的和替代距离 r, 应用 $l = 2\delta/d$ 并结合式 (2.3.7) 和式 (2.3.10) 可以得到

$$2k_{\mathrm{B}}T > \frac{\mu_0 \pi M_0^2}{9} \frac{d^3}{(l+2)^3}. \tag{2.3.11}$$

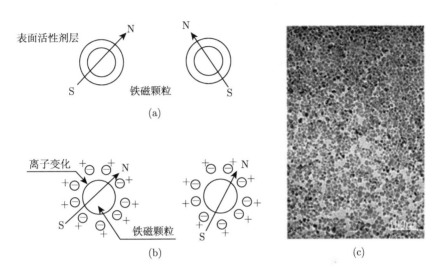

图 2.5　铁磁流体中计算两个磁颗粒之间磁偶极子的相互作用示意图

(a) 表面活性剂; (b) 离子变化; (c) 离子型氧化物, 含水磁铁矿 ($Fe_3O_4 + \gamma \cdot Fe_2O_3$, 承蒙铁磁技术公司提供)

颗粒接触时相互作用能量达到最大值, 从而再次获得粒径最大尺寸的表达式

$$d < \left(144 k_{\mathrm{B}} T / (\pi \mu_0 M_0^2)\right)^{\frac{1}{3}}. \tag{2.3.12}$$

再次利用铁磁颗粒的数据, 式 (2.3.12) 表明, 对于粒径为 10nm 的铁磁颗粒, 不会因为磁偶极相互作用集聚而引起稳定性问题.

2.4　铁磁流体的基本物理参数

2.4.1　铁磁流体的粘度

为了讨论铁磁流体的粘性效应, 需要了解在外部磁场作用下铁磁流体的粘性性质, 特别需要深入研究的是大量悬浮颗粒的相互依赖关系. 这时, 实验显得尤为重要. 特别地, 在温度给定的情况下可以利用实验数据作出合理的解释.

铁磁流体是一种胶体悬浮液, 通常由固体铁磁颗粒、表面分散剂和载体溶液三个基本部分组成. 常见的水、酒精、煤油和水银, 以及酯类、醚类、硅油类和矿物油

类都可作为铁磁流体的载体溶液. 载体溶液物质种类很多, 导致铁磁流体的粘度会有所不同. 通常, 铁磁颗粒可以视为均匀球形颗粒. 当铁磁颗粒的体积浓度 $\tilde{\phi} < 0.02$ 时,1906 年 Einstein (1901) 给出了如下线性关系式:

$$\eta_0 = \eta_{\mathrm{c}}\left(1 + \frac{5}{2}\tilde{\phi}\right), \tag{2.4.1}$$

我们称之为 Einstein 公式, 该公式对球形铁磁颗粒相互作用的悬浮液成立, 其中 η_0 表示胶体悬浮液的粘度, η_{c} 表示在没有磁场条件下悬浮液的动力学粘度. 通常铁磁流体的铁磁颗粒的体积浓度 $\tilde{\phi} \sim 0.06$, 基本上可以满足 Einstein 公式.

20 世纪 40 年代, Vand 考虑当铁磁颗粒的体积浓度 $\tilde{\phi} > 0.02$ 时, 流体动力学的铁磁颗粒之间相互作用, 建立了如下公式:

$$\eta_0 = \eta_{\mathrm{c}}\exp\frac{2.5\tilde{\phi} + 2.7\tilde{\phi}^2}{1 - 0.609\tilde{\phi}}, \tag{2.4.2}$$

通常称该公式为 Vand 公式.

针对铁磁颗粒的体积浓度较大的情况, Rosensweig 提出了一种改进的公式

$$\eta_0 = \frac{\eta_{\mathrm{c}}}{1 - 2.5\tilde{\phi} + \alpha\tilde{\phi}^2}, \tag{2.4.3}$$

式中, α 为待定系数. 注意到, 当铁磁颗粒的体积浓度较小时, $\phi^2 \ll \phi$, 由 Rosensweig 公式可以得到 Vand 公式. 若铁磁颗粒的体积浓度不断增大, 孔隙率会变得很小, 铁磁流体基本上不能流动, 这时令 $\eta_0 \to \infty$, Graton 和 Fraser 计算得到 $\alpha = 1.55$. 从而得到刚性堆砌条件下铁磁流体的粘度公式

$$\eta_0 = \frac{\eta_{\mathrm{c}}}{1 - 2.5\tilde{\phi} + 1.55\tilde{\phi}^2}. \tag{2.4.4}$$

2.4.2　铁磁流体的磁化强度

铁磁流体内部悬浮的磁性铁磁颗粒的粒径非常小, 一般在 $5 \sim 15\mathrm{nm}$, 所以它们是单畴或者亚畴的, 颗粒之间在热力学范畴存在布朗运动 (Brownian motion). 磁偶极子本身具有磁性, 但在布朗运动作用下杂乱无章, 导致铁磁流体整体并不显磁性. 但是, 当外磁场存在时, 铁磁流体会显示一定的磁性, 其磁化机制主要包括两个方面的因素: 一方面, 铁磁流体颗粒内部的磁畴会产生旋转趋向外磁场方向; 另一方面, 极化的铁磁颗粒在外磁场作用下, 形成沿外磁场方向的有序排列. 通常, 可以将铁磁流体视为超顺磁性材料, 朗之万 (保罗·朗之万, Paul Langevin, 1872~1946, 法国物理学家) 的经典理论可以用来研究该类磁化问题.

磁化强度是描述磁介质磁化状态的物理矢量, 通常用符号 M 表示. 磁化强度定义为介质微小体元 ΔV 内的全部分子磁矩矢量和与 ΔV 之比, 即

$$\boldsymbol{M} = \frac{\sum \boldsymbol{m}_i}{\Delta V}. \tag{2.4.5}$$

在国际单位制 (SI) 中, 磁化强度 $\boldsymbol{M}$ 的单位是安培/米 (A/m).

设外磁场强度为 H, 磁感应强度为 B, $\mu_0 = 4\pi \times 10^{-7}$ 为真空磁导率. 磁化率为 χ, 顺磁质的 χ 为正, 抗磁质的 χ 为负,

$$B = \mu_0(M + H). \tag{2.4.6}$$

对于顺磁与抗磁介质, 无外加磁场时, M 恒为零; 存在外加磁场时, 则有

$$M = \chi H = \frac{\chi}{(1 + \chi)\mu_0} B. \tag{2.4.7}$$

铁磁流体的最具特色的物理性质是它的磁化性. 当铁磁颗粒的粒径在 10nm 左右时, 每一个铁磁颗粒都是单磁畴的, 呈现磁性, 称为一个磁偶极子. 铁磁流体内的铁磁颗粒数量巨大, 每升包含微粒数量 $10^{20} \sim 10^{21}$. 当铁磁颗粒的粒径在 10nm 左右时, 磁性流体表现出稳定性, 颗粒之间不考虑相互作用形成一个整体, 在外磁场作用下作为顺磁材料被磁化.

由于铁磁颗粒具有较大的 m_i, 所以铁磁流体是超顺磁性材料. 无外加磁场时, M 恒为零; 存在外加磁场时, 则有

$$M = \chi H = \frac{\chi}{1 + \chi\mu_0} B, \tag{2.4.8}$$

其中, H 是介质中的磁场强度, B 是磁感应强度, μ_0 是真空磁导率, 它等于 $4\pi \times 10^{-7}$H/m. 磁化率 χ 的值由介质的性质决定. 顺磁质的 M 和 B、H 同方向, 抗磁质的 M 和 B、H 反方向.

如果磁介质是各向异性的, 则 χ 为一张量. 在外磁场作用下, 磁介质磁化后出现的磁化电流会产生附加磁场, 它与外磁场之和为总磁场 B.

本书假设磁介质为线性各向同性, 也就是说, M 和 B、H 成正比. 对于各向异性磁介质, M 和 B、H 各分量成正比, 比例系数是一个二阶张量. 对于铁磁介质, M 和 B、H 之间有复杂的非线性关系, 构成磁滞回线. 顺磁气体的磁场强度通常用朗之万函数 $L(\xi) = \coth\xi - 1/\xi$ 来表示

$$M_{\text{eq}} = nm(\coth\xi - 1/\xi) = M_s L(\xi), \quad \boldsymbol{M} = M\boldsymbol{H}/H, \tag{2.4.9}$$

其中, M_s 为饱和磁化强度, n 表示单位体积内铁磁颗粒数, $m = \sum m_i$ 表示铁磁颗粒的磁矩, $\xi = mH/(k_{\text{B}}T)$ (朗之万论证), H 为磁场强度, k_{B} 为玻尔兹曼常量, T 为绝对温度.

朗之万函数 $L(\xi) = \coth\xi - 1/\xi$ 是联系外部磁场强度 H, 铁磁流体磁化强度 M 和温度 T 的很好的桥梁, 当不存在外部磁场或者外部磁场很弱时, 也就是说, $\xi \to 0$

时, 有

$$\max_{\xi \to 0} L(\xi) = \max_{\xi \to 0}(\coth\xi - 1/\xi) = \max_{\xi \to 0}\frac{\xi \mathrm{ch}\xi - \mathrm{sh}\xi}{\xi \mathrm{sh}\xi}$$

$$= \max_{\xi \to 0}\frac{\mathrm{ch}\xi + \xi \mathrm{sh}\xi - \mathrm{ch}\xi}{\mathrm{sh}\xi + \xi \mathrm{ch}\xi} = \max_{\xi \to 0}\frac{\mathrm{sh}\xi + \xi \mathrm{ch}\xi}{\mathrm{ch}\xi + \mathrm{ch}\xi + \xi \mathrm{sh}\xi} = 0,$$

根据磁场强度公式 (2.4.9) 可知, 由于饱和磁化强度 M_s 为常数 (或者有界), 当不存在外部磁场或者外部磁场很弱时, 磁场强度 $M_\mathrm{eq} = 0$ (或者将变得很小). 也就是说, 磁场强度 M_eq 依赖于外部磁场的作用.

当外部磁场变得越来越强时, 也就是说, $\xi \to +\infty$ 时, 有

$$\max_{\xi \to +\infty} L(\xi) = \max_{\xi \to +\infty}\left(\frac{\mathrm{e}^\xi + \mathrm{e}^{-\xi}}{\mathrm{e}^\xi - \mathrm{e}^{-\xi}} - \frac{1}{\xi}\right) = 1,$$

根据磁场强度公式 (2.4.9) 可知

$$\max_{\xi \to +\infty} M_\mathrm{eq} = \max_{\xi \to +\infty}(M_\mathrm{s}L(\xi)) = M_\mathrm{s}.$$

也就是说, 当外部磁场变得越来越强时, 磁场强度 M_eq 趋近于 M_s, 达到饱和磁化强度.

下面将提到环境饱和磁化强度 M_s 可以根据铁磁流体密度 ρ 表示出来, $\rho = N\varpi$, 其中 ϖ 表示包含载液分子在内的粒子质量, 从而可以表示为

$$M_\mathrm{s} = \left(\frac{m}{\varpi}\right)\rho. \tag{2.4.10}$$

公式 (2.4.10) 表现出的磁化强度的特征称为超顺磁性, 如图 2.6 所示.

当外磁场不存在时, 铁磁颗粒悬浮在载体溶液中, 呈现杂乱无章的布朗运动, 铁磁颗粒 (磁偶极子) 的磁矩方向在统计学上具有随机均匀性, 从而使得铁磁流体宏观上不显磁性. 当外磁场存在时, 铁磁颗粒会受到磁力矩的作用, 磁力矩力图使铁磁颗粒的磁矩朝外磁场方向偏转, 形成有序排列, 处于被磁化状态, 宏观上铁磁流体呈现出磁性.

饱和磁化强度指磁性材料在外加磁场中被磁化时所能够达到的最大磁化强度. 饱和磁化强度是铁磁性物质的一个特性, 是永磁性材料极为重要的磁参量.

测定饱和磁化强度的方法较多, 比较典型的有两种: 第一种方法是通过电磁感应, 测量样品内部或样品周围的磁通量来确定 M_s 值. 磁介质中的磁感应强度 B 与磁场强度 H 及磁化强度 M 之间的普遍关系式 (2.4.6). 当样品磁化到饱和状态时为式 (2.4.7). 第二种方法是通过被测样品在梯度磁场中受力的大小来测量 M_s 值, 如常用的天平法、环秤法即属于这一类.

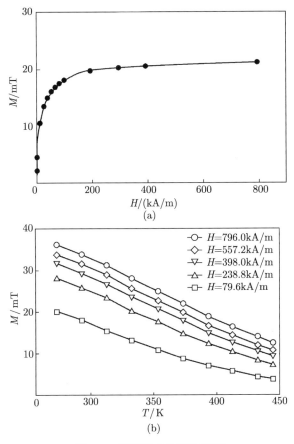

图 2.6 铁磁流体的磁化强度

(a) 合成烃油基流体中铁氧体铁磁颗粒的磁化曲线; (b) 煤油基 Mn-Zn 铁的温度敏感磁流体 (Courtesy of Taihokohzai Co. Ltd)

当外磁场很强时 ($\xi \to \infty$), 可以有效遏制布朗运动的影响, 铁磁颗粒的磁矩出现最大限度的有序排列, 这时铁磁流体达到饱和磁化强度 $M_s = nm$, 所有铁磁颗粒的磁矩都沿着外磁场取向

$$M = M_s[1 - k_B T/(\mu_0 m H)]. \tag{2.4.11}$$

对磁矩值 $m \approx 10^{-19}$J/T 室温下的粒子, 当外磁场 $H \geqslant 10^5$A/m (相当于 $\xi \geqslant 10$) 时, $M \approx M_s$. 铁磁流体磁化性能的指标是它的磁化强度 M. 目前, 铁磁流体的 M_s 取值一般在 $500 \sim 3000$G ($0.05 \sim 0.3$T), 根据文献报道, 现在能制备出 10000G 的铁磁流体. 以磁铁矿 (F6J04) 为固相颗粒的铁磁流体, 其饱和磁化强度 M_s 最高可达约 34000A/m (约 430G). 磁性颗粒本身悬浮于基载液中, 外磁场移去以后, 热运动

终归使它们变成无规则状态, 这就意味着完全退磁. 被磁化的物质移离磁场后, 若还能保留一些磁性, 则称剩磁. 也就是说, 铁磁流体一般不具有磁滞现象, 即不存在剩磁和矫顽力.

注意到, 软磁材料满足 $M /\!/ H_0$. 纯粹的铁磁样本的饱和磁化强度为材料的局部磁化强度 M_d. 否则, 软磁和硬磁材料的磁化强度曲线存在很大差别, 如图 2.7 所示. 图 2.7(b) 所描述的行为就是有名的磁滞现象. M_t 被称为顽磁性或剩磁, M_c 的大小就是有名的材料的矫顽磁性. 永磁铁由硬质材料制成且在外部磁场去除以后能保持一定的磁矩.

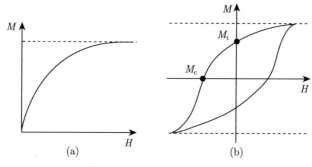

图 2.7   典型磁化强度曲线

(a) 软磁材料; (b) 硬磁材料

软磁材料方程中的磁力为 $\mu_0 M \nabla H_0$. 通过麦克斯韦关系式, 单位体积磁力由 ds 的磁力取代为 $\mu_0 M (\nabla H_0) \cdot ds$, 可以写成 $\mu_0 M dH$.

虽然按照磁化率来讲, 铁磁流体只可算作超顺磁材料, 但是它的磁化机理却和固体顺磁材料不同. 固体顺磁材料的磁化作用仅仅是物质内作轨道运动的电子 (相当于微电流环) 受到外磁场的作用, 其轨道平面在某种程度上按外磁场方向有序排列的结果. 而铁磁流体内的固体颗粒是铁磁性材料, 它们的磁化是磁畴旋转造成的, 并且铁磁流体还有另一种可能的磁化机制, 即悬浮于基载液中的颗粒本身的旋转. 旋转平衡方位取决于磁场能量和热运动能量之间的平衡, 而颗粒的旋转速度取决于磁场对固体颗粒产生的力矩与流体粘性阻力矩之间的平衡. 所以铁磁流体可以按其磁化过程分成两种: 一种是铁磁颗粒内磁畴的旋转起控制作用, 称为内禀性的; 另一种是固相颗粒在基载液中的旋转起控制作用, 这称为非内禀性的或外赋的.

2.5   热磁不稳定性

在众多磁流体的有趣现象中, 常常会提到一些典型的例子. 为了避免混淆和过于复杂, 现象会被简要介绍, 尽量不进行过于细节的数学推导. 一个非常有特点的磁流体现象是定常场的不稳定性. 当把均匀磁场 (超过临界强度) 垂直加在磁流体界面上时, 界面 (比如暴露在空气中的表面) 上会自发产生有序排列的钉, 如图 2.8 所示. 不稳定问题产生的有趣现象还包括不稳定性使磁流体中的一个薄层出现迷宫一样的图案 (这个薄板是加在封闭的平板空间中), 加了磁场后还可能会出现更多的图案. 考虑到温度对磁场的依赖, 一些热对流不稳定性问题被提出来. 这些现象在数学上被看成是一些临界现象, 或是某种分界点. 进而形成一些流场的新的超临界平衡状态. 在磁场的粘性条件下, 还会发生热磁对流现象, 称作热磁不稳定性.

图 2.8 法向界面不稳定性引起的表面尖钉

经过实验观察发现, 铁磁流体具有一些独特的热力学性质, 在交变磁场下磁流体可将磁能转化为热能. 通常用单位质量的磁性材料在单位时间内产生的热量 (specific absorption rate, SAR) 来表征其热效应的大小, SAR 的测量及计算采用 Hilger 的方法 (Ryu et al., 2002), 然后将测得的 SAR 按 Chan 的方法折算成在 1MHz、8kA/m 的交变磁场中的 SAR(Hergt et al., 1998).

从表 2.3 可以看出, 油酸中的 Fe_3O_4 粒子磁流体具有明显的热效应, 而且 SAR 随粒径的增加而增大.

表 2.3 不同粒径铁磁粒子的 SAR(王煦漫等, 2005)

变量	样 品		
	a	b	c
平均粒径/nm	8	6	4
分散介质	油酸	油酸	油酸
SAR	78.3	49.8	14.9

根据 Rosensweig 的理论 (Rosensweig, 2002), 磁性粒子在交变磁场中的功率损耗 P 的表达式如下:

$$P = \pi\mu_0\chi_0 H_0^2 f \frac{2\pi f\tau}{1 + (2\pi f\tau)^2}, \tag{2.5.1}$$

式中, μ_0 为真空磁导率, χ_0 为平衡磁化率, H_0 为交变磁场的强度, f 为交变磁场的频率, τ 为弛豫时间.

当磁场的频率较低时, $f\tau \ll 1$, 则式 (2.5.1) 可简化为

$$P = 2\pi^2 \mu_0 \chi_0 \tau H_0^2 f^2. \tag{2.5.2}$$

可见, 弛豫时间是影响 P 的重要因素. 对于粒径小于 10nm 的 Fe_3O_4 粒子, 其损耗主要由尼尔弛豫引起 (Rosensweig, 1985), 尼尔弛豫时间计算公式如下:

$$\tau_{\mathrm{N}} = \frac{\sqrt{\pi}}{2}\tau_0 \frac{\exp\Gamma}{\Gamma^{3/2}}, \quad \Gamma = \frac{KV_{\mathrm{M}}}{k_{\mathrm{B}}T}, \tag{2.5.3}$$

式中, τ_0 通常为 10^{-9}s, K 为磁各向异性常数, V_{M} 为磁粒子的体积, k_{B} 为玻尔兹曼常量, T 为绝对温度.

由以上公式可知, 随着 Fe_3O_4 粒子体积的增加, 弛豫时间也随之增加, 从而引起 P 的增加, 即 SAR 的增加. 因此, 适当增加粒子的体积, 可提高其热效应, 但如果体积过大反而会造成 SAR 的下降 (Ryu et al., 2002).

从表 2.4 可以看出, Fe_3O_4 粒子经过表面处理后 SAR 显著增加, 而且不同的表面活性剂对 SAR 的提高程度不同. 由于纳米粒子体积极小, 表面效应非常显著, 当用表面活性剂进行表面处理后, 表面活性剂分子与 Fe_3O_4 表面层的铁离子发生化学键合, 产生了强烈的表面各向异性场, 从而造成了 Fe_3O_4 粒子磁各向异性常数的增加, 以致 τ 增加 (都有为等, 1982), 也使得 P 增大, 即提高 SAR.

表 2.4 表面活性剂对 SAR 的影响 (王煦漫等, 2005)

表面活性剂	分散介质	SAR
无	水	5.4
四甲基羟胺	水	104
高氯酸	水	120
油酸	油酸	78.3

2.6 铁磁颗粒的体积分数

铁磁流体的体积分数和密度紧密相关, 它不仅是分析铁磁流体非常重要的物理数据, 而且可以用来将单位质量的饱和磁化强度换算成单位体积的饱和磁化强度. 磁性液体密度的测量采用比重瓶法或者液体密度天平.

固体铁磁颗粒、表面分散剂和载体溶液的体积之和视为铁磁流体的体积, 也就是忽略铁磁流体各成分混合之后的体积损失, 那么铁磁流体的体积分数和密度关系式为

$$\rho = \rho_{\mathrm{s}}\phi_{\mathrm{s}} + \rho_{\mathrm{a}}(\phi_{\mathrm{c}} - \phi_{\mathrm{a}}) + \rho_{\mathrm{c}}(1 - \phi_{\mathrm{c}}), \tag{2.6.1}$$

式中,ϕ_s,ϕ_a 和 ϕ_c 分别表示铁磁颗粒、表面活性剂和载体溶液的体积分数. $\rho_a = \rho_c$, 也就是表面分散剂和载体溶液的密度相同时, 式 (2.6.1) 可以简化为

$$\rho = \rho_s\phi_s + \rho_c(1 - \phi_c). \tag{2.6.2}$$

由此仅通过测量磁性液体的密度就可以根据组分来确定铁磁颗粒的体积分数

$$\phi_s = (\rho - \rho_c)/(\rho_s - \rho_c). \tag{2.6.3}$$

参 考 文 献

池长青. 2011. 铁磁流体的物理学基础和应用. 北京: 北京航空航天大学出版社.

都有为, 陆怀先, 王挺祥, 等. 1982. 界面活性剂对 Fe_3O_4 磁性与穆斯堡尔谱的影响. 物理学报, 10:1417-1422.

李德才. 2010. 磁性液体密封理论及应用. 北京: 科学出版社.

李学慧. 2009. 纳米磁性液体——制备、性能及其应用. 北京: 科学出版社.

唐有祺. 1957. 晶体化学. 北京: 高等教育出版社.

王煦漫, 古宏晨, 杨正强, 等. 2005. 磁流体在交变磁场中的热效应研究. 功能材料, 36(4): 507-509.

吴其芬, 李桦. 2007. 磁流体力学. 长沙: 国防科技大学出版社.

徐光宪. 1961. 物质结构. 北京: 人民教育出版社.

Adams D M. 1974. Inorganic Solids. Hoboken, New Jersey: John Wiley & Sons.

Berkovsky B M, Medvedev V F, Krakov M S. 1993. Magnetic Fluids Engineering Application. Oxford: Oxford University Press.

Bitter F. 1931. On inhomogeneities in the magnetization of ferromagnetic materials. Physical Review, 38(10): 1903-1905.

Blums E, Cebers A, Maiorov M M. 1997. Magnetic Fluids. Berlin: Walter de Gryuter.

Butler R F. 1992. Paleomagnetism: Magnetic Domains to Geologic Terranes. Oxford-Edinburgh: Blackwell Scientific Publications.

Butler R F, Banerjee S K. 1975. Theoretical single domain grain-size range in magnetite and titanomagnetite. Journal of Geophysical Research, 80: 4049-4058.

Chantrell R W, Sidhu J, Bissell P R, et al. 1982. Dilution induced instability in ferrofluids. Journal of Applied Physics, 53(11):8341-8343.

David J D, Ozdemir O. 1997. Rock Magnetism. Cambridge: Cambridge University Press.

Dunlop D, Ozdemir O. 1997. Rock Magnetism: Fundamentals and Frontiers. Cambridge: Cambridge University Press.

Einstein A. 1901. Folgerungen aus den Capillaritätserscheinungen. Zurich:Switzerland.

Evans M E, NcElhinny M W. 1997. An investigation of the origin of stable remanence in magnetite-bearing igneous rocks. Journal of Geomagnetism and Geoelectricity, 21: 757-773.

Halgedahl S, Fuller M. 1980. Magnetic domain observations of nucleation processes in fine particles of intermediate titanomagnetite. Nature, 288: 70-72.

Hergt R, Andra W, Hilger I, et al. 1998. Physical limits of hyperthermia using magnetite fine particles. IEEE Transactions on Magnetics, 34(5):3745-3754.

Hess P, Parker P. 1966. Polymers for stabilization of colloidal cobalt particles. Journal of Applied Polymer Science, 10(12):1915-1927.

Jafari A, Tynjala T, Mousavi S M, et al. 2008. Simulation of heat transfer in a ferrofluid using computational fluid dynamics technique. International Journal of Heat and Fluid Flow, 29:1197-1202.

Landau L D, Lifschitz R E. 1935. Generating Function in Classical Mechanics. England:Edward Lee Hill.

Landau L D, Lifshitz R E. 1935. On the theory of the dispersion of magnetic permeability in ferromagnetic bodies. Physikalische Zeitschrift der Sowjetunion, 8: 153-169.

Linke J M , Odenbach S. 2015. Anisotropy of the magnetoviscous effect in a cobalt ferrofluid with strong interparticle interaction. Journal of Magnetism & Magnetic Materials, 396:85-90.

Martinet L. 1974. Heterclinic stellar orbits and "wild" behaviour in our Galaxy. Astronomy and Astrophysics, 329.

Néel L. 1955. Some theoretical aspects of rock-magnetism. Advances in Physics, 4(14): 191-243.

Rosensweig R E. 1985. Ferrohydrodynamics. Mineola, New York: Dover Publications.

Rosensweig R E. 2002. Heating magnetic fluid with alternating magnetic field. Journal of Magnetism and Magnetic Materials, 252(1-3):370-374.

Ryu J, Priya S, Uchino K, et al. 2002. Magnetoelectric effect in composites of magnetostrictive and piezoelectric materials. Journal of Electroceramics, 8(2): 107-119.

Schabes M E, Bertram H N. 1988. Magnetization processes in ferromagnetic cubes. Journal of Applied Physics, 64(3):1347-1357.

Tauxe L, Bertram H, Seberino C. 2002. Physical interpretation of hysteresis loops: micro-magnetic modeling of fine particle magnetite. Geochemistry Geophysics Geosystems, 3(10):1-22.

Wu F, Wu C, Guo F Z, et al. 2001. Acoustically controlled heat transfer of ferrom afnetic fluid. International Journal of Heat and Mass Transfer, 44: 4427-4432.

第 3 章　铁磁流体力学基本方程组

铁磁流体力学基本方程组和普通流体力学基本方程组比较有两点不同: 运动方程须加磁力效应项, 能量方程须加磁热效应项. 此外, 还须引入静磁学方程, 方可构成描述铁磁流体力学过程的基本方程组. 下面首先介绍在直角坐标、柱坐标和球坐标下流体力学基本方程组, 之后根据电磁学基本定律给出麦克斯韦方程组, 给出铁磁流体力学基本方程组.

3.1　流体力学基本方程组

根据质量守恒、动量守恒、能量守恒定律以及牛顿流体力学粘性规律, 可以导出如下由连续性方程、运动方程和能量方程构成的流体力学基本方程组 (吴望一, 2014).

1. 直角坐标系中的流体力学基本方程组

$$
\begin{cases}
\dfrac{\partial \rho}{\partial t} + \dfrac{\partial(\rho u)}{\partial x} + \dfrac{\partial(\rho v)}{\partial y} + \dfrac{\partial(\rho w)}{\partial z} = 0 \,, \\[3mm]
\rho \dfrac{\mathrm{d}u}{\mathrm{d}t} = \rho F_x - \dfrac{\partial p}{\partial x} + \dfrac{\partial p_{xx}}{\partial x} + \dfrac{\partial p_{xy}}{\partial y} + \dfrac{\partial p_{xz}}{\partial z} \,, \\[3mm]
\rho \dfrac{\mathrm{d}v}{\mathrm{d}t} = \rho F_y - \dfrac{\partial p}{\partial y} + \dfrac{\partial p_{yx}}{\partial x} + \dfrac{\partial p_{yy}}{\partial y} + \dfrac{\partial p_{yz}}{\partial z} \,, \\[3mm]
\rho \dfrac{\mathrm{d}w}{\mathrm{d}t} = \rho F_z - \dfrac{\partial p}{\partial z} + \dfrac{\partial p_{zx}}{\partial x} + \dfrac{\partial p_{zy}}{\partial y} + \dfrac{\partial p_{zz}}{\partial z} \,, \\[3mm]
\rho T \dfrac{\mathrm{d}s}{\mathrm{d}t} = \varPhi + \dfrac{\partial}{\partial x}\left(k \dfrac{\partial T}{\partial x}\right) + \dfrac{\partial}{\partial y}\left(k \dfrac{\partial T}{\partial y}\right) + \dfrac{\partial}{\partial z}\left(k \dfrac{\partial T}{\partial z}\right) + \rho q \,.
\end{cases}
\tag{3.1.1}
$$

在斯托克斯假设下本构方程可以用广义牛顿公式表示

$$\begin{cases} p_{xx} = 2\mu\left[\dfrac{\partial u}{\partial x} - \dfrac{1}{3}\left(\dfrac{\partial u}{\partial x} + \dfrac{\partial v}{\partial y} + \dfrac{\partial w}{\partial z}\right)\right], \\[3mm] p_{yy} = 2\mu\left[\dfrac{\partial v}{\partial y} - \dfrac{1}{3}\left(\dfrac{\partial u}{\partial x} + \dfrac{\partial v}{\partial y} + \dfrac{\partial w}{\partial z}\right)\right], \\[3mm] p_{zz} = 2\mu\left[\dfrac{\partial w}{\partial z} - \dfrac{1}{3}\left(\dfrac{\partial u}{\partial x} + \dfrac{\partial v}{\partial y} + \dfrac{\partial w}{\partial z}\right)\right], \\[3mm] p_{xy} = \mu\left(\dfrac{\partial v}{\partial x} + \dfrac{\partial u}{\partial y}\right), \\[3mm] p_{yz} = \mu\left(\dfrac{\partial w}{\partial y} + \dfrac{\partial v}{\partial z}\right), \\[3mm] p_{zx} = \mu\left(\dfrac{\partial u}{\partial z} + \dfrac{\partial w}{\partial x}\right). \end{cases} \tag{3.1.2}$$

其中随体导数 $\mathrm{d}/\mathrm{d}t$ 和能量函数 Φ 为

$$\frac{\mathrm{d}}{\mathrm{d}t} = \frac{\partial}{\partial t} + u\frac{\partial}{\partial x} + v\frac{\partial}{\partial y} + w\frac{\partial}{\partial z},$$

$$\Phi = -\frac{2}{3}\mu\left(\frac{\partial u}{\partial x} + \frac{\partial v}{\partial y} + \frac{\partial w}{\partial z}\right)^2 + 2\mu\left[\left(\frac{\partial u}{\partial x}\right)^2 + \left(\frac{\partial v}{\partial y}\right)^2 + \left(\frac{\partial w}{\partial z}\right)^2\right.$$
$$\left. + \frac{1}{2}\left(\frac{\partial w}{\partial y} + \frac{\partial v}{\partial z}\right)^2 + \frac{1}{2}\left(\frac{\partial u}{\partial z} + \frac{\partial w}{\partial x}\right)^2 + \frac{1}{2}\left(\frac{\partial v}{\partial x} + \frac{\partial u}{\partial y}\right)^2\right].$$

由热力学关系式得知

$$T\mathrm{d}s = \mathrm{d}U + p\mathrm{d}\left(\frac{1}{\rho}\right).$$

对于 15℃水而言, $T\mathrm{d}s = \mathrm{d}U = \delta Q = C\mathrm{d}T$, 这时等容比热和等压比热相等, 即 $C_p = C_V = C$. 在铁磁流体力学中, 铁磁流体是一类感温性流体材料, 压力 p 可以表示为静压 p_0、密度 ρ、磁场 H 和温度 T 的函数

$$p = f(p_0, \rho, H, T). \tag{3.1.3}$$

2. 柱坐标系中不可压缩流体力学基本方程组

柱坐标系 $O\text{-}r\theta z$ 和直角坐标系 $O\text{-}xyz$ 之间存在如下坐标关系:

$$
\begin{cases}
x = r\cos\theta, \\
y = r\sin\theta, \quad 0 \leqslant \theta \leqslant 2\pi, \\
z = z.
\end{cases} \tag{3.1.4}
$$

通过复合函数求导基本法则就可以由直角坐标系流体力学基本方程组得到柱坐标系中不可压缩流体力学基本方程组.

(1) 连续性方程

$$
\frac{\partial v_r}{\partial r} + \frac{\partial v_\theta}{r\partial\theta} + \frac{\partial v_z}{\partial z} + \frac{v_r}{r} = 0. \tag{3.1.5}
$$

(2) 运动方程组

$$
\begin{cases}
\rho\left(\dfrac{\mathrm{d}v_r}{\mathrm{d}t} - \dfrac{v_\theta^2}{r}\right) = F_r - \dfrac{\partial p}{\partial r} + \eta\left(\dfrac{\partial^2 v_r}{\partial r^2} + \dfrac{1}{r}\dfrac{\partial v_r}{\partial r} + \dfrac{\partial^2 v_r}{r^2\partial\theta^2}\right. \\
\qquad\qquad\qquad\qquad\qquad\qquad \left. + \dfrac{\partial^2 v_r}{\partial z^2} - \dfrac{2}{r}\dfrac{\partial v_\theta}{r\partial\theta} - \dfrac{v_r}{r^2}\right), \\
\rho\left(\dfrac{\mathrm{d}v_\theta}{\mathrm{d}t} - \dfrac{v_r v_\theta}{r}\right) = F_\theta - \dfrac{\partial p}{r\partial\theta} + \eta\left(\dfrac{\partial^2 v_\theta}{\partial r^2} + \dfrac{1}{r}\dfrac{\partial v_\theta}{\partial r} + \dfrac{\partial^2 v_\theta}{r^2\partial\theta^2}\right. \\
\qquad\qquad\qquad\qquad\qquad\qquad \left. + \dfrac{\partial^2 v_\theta}{\partial z^2} + \dfrac{2}{r}\dfrac{\partial v_r}{r\partial\theta} - \dfrac{v_\theta}{r^2}\right), \\
\rho\dfrac{\mathrm{d}v_z}{\mathrm{d}t} = F_z - \dfrac{\partial p}{\partial z} + \eta\left(\dfrac{\partial^2 v_z}{\partial r^2} + \dfrac{1}{r}\dfrac{\partial v_z}{\partial r} + \dfrac{\partial^2 v_z}{r^2\partial\theta^2} + \dfrac{\partial^2 v_z}{\partial z^2}\right).
\end{cases} \tag{3.1.6}
$$

其中

$$
\frac{\mathrm{d}}{\mathrm{d}t} = \frac{\partial}{\partial t} + v_r\frac{\partial}{\partial r} + \frac{v_\theta}{r}\frac{\partial}{\partial\theta} + v_z\frac{\partial}{\partial z}.
$$

3. 球坐标系中不可压缩流体力学基本方程组

球坐标系 $O\text{-}r\theta\varphi$ 和直角坐标系 $O\text{-}xyz$ 之间存在如下坐标关系:

$$
\begin{cases}
x = r\sin\theta\cos\varphi, \\
y = r\sin\theta\sin\varphi, \quad 0 \leqslant \theta \leqslant \pi, 0 \leqslant \varphi \leqslant 2\pi, \\
z = z.
\end{cases} \tag{3.1.7}
$$

通过复合函数求导基本法则就可以由直角坐标系流体力学基本方程组得到球坐标系中不可压缩流体力学基本方程组.

(1) 连续性方程

$$
\frac{\partial v_r}{\partial r} + 2\frac{v_r}{r} + \frac{\partial v_\theta}{r\partial\theta} + \frac{v_\theta}{r}\cot\theta + \frac{1}{\sin\theta}\frac{\partial v_\varphi}{r\partial\varphi} = 0. \tag{3.1.8}
$$

(2) 运动方程组

$$
\begin{cases}
\rho\left(\dfrac{\mathrm{d}v_r}{\mathrm{d}t}-\dfrac{v_\theta^2+v_\varphi^2}{r}\right) \\
=F_r-\dfrac{\partial p}{\partial r}+\eta\left(\dfrac{\partial^2 v_r}{\partial r^2}+\dfrac{2}{r}\dfrac{\partial v_r}{\partial r}+\dfrac{\partial^2 v_r}{r^2\partial\theta^2}+\dfrac{\cot\theta}{r}\dfrac{\partial v_r}{r\partial\theta}\right. \\
\quad\left.+\dfrac{1}{\sin^2\theta}\dfrac{\partial^2 v_r}{r^2\partial\varphi^2}-\dfrac{2}{r}\dfrac{\partial v_\theta}{r\partial\theta}-\dfrac{2}{r\sin\theta}\dfrac{\partial v_\varphi}{r\partial\varphi}-\dfrac{2v_r}{r^2}-\dfrac{2v_\theta}{r^2}\cot\theta\right), \\
\rho\left(\dfrac{\mathrm{d}v_\theta}{\mathrm{d}t}+\dfrac{v_r v_\theta}{r}-\dfrac{v_\varphi^2}{r}\cot\theta\right) \\
=F_\theta-\dfrac{\partial p}{r\partial\theta}+\eta\left(\dfrac{\partial^2 v_\theta}{\partial r^2}+\dfrac{2}{r}\dfrac{\partial v_\theta}{\partial r}+\dfrac{\partial^2 v_\theta}{r^2\partial\theta^2}+\dfrac{\cot\theta}{r}\dfrac{\partial v_\theta}{r\partial\theta}\right. \\
\quad\left.+\dfrac{1}{\sin^2\theta}\dfrac{\partial^2 v_\theta}{r^2\partial\varphi^2}+\dfrac{2}{r}\dfrac{\partial v_r}{r\partial\theta}-\dfrac{2\cot\theta}{r\sin\theta}\dfrac{\partial v_\varphi}{r\partial\varphi}-\dfrac{v_\theta}{r^2\sin^2\theta}\right), \\
\rho\left(\dfrac{\mathrm{d}v_\varphi}{\mathrm{d}t}+\dfrac{v_r v_\varphi}{r}+\dfrac{v_\theta v_\varphi}{r}\cot\theta\right) \\
=F_\theta-\dfrac{1}{\sin\theta}\dfrac{\partial p}{r\partial\varphi}+\eta\left(\dfrac{\partial^2 v_\varphi}{\partial r^2}+\dfrac{2}{r}\dfrac{\partial v_\varphi}{\partial r}+\dfrac{\partial^2 v_\varphi}{r^2\partial\theta^2}\right. \\
\quad\left.+\dfrac{\cot\theta}{r}\dfrac{\partial v_\varphi}{r\partial\theta}+\dfrac{1}{\sin^2\theta}\dfrac{\partial^2 v_\varphi}{r^2\partial\varphi^2}+\dfrac{2}{r\sin\varphi}\dfrac{\partial v_r}{r\partial\varphi}-\dfrac{2\cot\theta}{r\sin\theta}\dfrac{\partial v_\theta}{r\partial\varphi}-\dfrac{v_\varphi}{r^2\sin^2\theta}\right).
\end{cases}
\tag{3.1.9}
$$

其中

$$
\frac{\mathrm{d}}{\mathrm{d}t}=\frac{\partial}{\partial t}+v_r\frac{\partial}{\partial r}+\frac{v_\theta}{r}\frac{\partial}{\partial\theta}+\frac{v_\varphi}{\sin\theta}\frac{\partial}{r\partial\varphi}.
$$

注意到, 铁磁流体作为温度敏感性流体材料, 讨论其关于温度的能量方程需要具体分析, 下文中会特别提到.

3.2 铁磁流体力学运动方程

在铁磁流体理论中, 铁磁流体力学控制方程可以由基于微观处理方法的连续介质力学的方程推得, 用来预测它的力学行为, 建立平衡状态、运动和热传递. 铁磁流体力学理论的建立是基于在磁场中, 纳米级铁磁颗粒悬浮在非磁的基载液之中, 产生的影响来自颗粒平动或转动, 或把力转化为颗粒的平动或转动. 当铁磁流体在磁场内运动时, 铁磁项通过粘性摩擦与承载流体相互作用. 铁磁流体力学基本方程组的建立源自准态单相流体近似, 在动力学过程中磁化强度处于平衡状态 (Neuringer and Rosensweig, 1964).

在工程实际中, 铁磁流体通常视为不可压流体, 则连续方程为

$$\nabla \cdot \boldsymbol{u} = 0. \tag{3.2.1}$$

在外磁场存在的情况下, 源自线性动量守恒的铁磁流体运动方程表述为 Cauchy 方程的非构成形式:

$$\rho \frac{\mathrm{d}\boldsymbol{u}}{\mathrm{d}t} = \nabla \boldsymbol{T} + \rho \boldsymbol{g}, \tag{3.2.2}$$

其中, $\rho \boldsymbol{g}$ 是铁磁流体所受到的重力, 它是一种彻体力, ρ 是铁磁流体的密度, $\boldsymbol{g}$ 是重力加速度.

Cauchy 方程 (3.2.2) 中, $\boldsymbol{T}$ 是总的应力张量, 可以分解为

$$\boldsymbol{T} = \boldsymbol{T}_p + \boldsymbol{T}_\nu + \boldsymbol{T}_{\mathrm{em}}, \tag{3.2.3}$$

应力张量 (3.2.3) 中各项如下:

$\boldsymbol{T}_p$ 是铁磁流体所受到的压力梯度, 表示铁磁流体微团因压力在空间中的变化而引起的表面力:

$$\boldsymbol{T}_p = -\nabla p$$

上式中 p 表示压力. 在后面的内容中会看到, 在外磁场作用下, 铁磁流体所受压力可能加入磁压. 当铁磁流体静止时所有压力为静压.

$\boldsymbol{T}_\nu$ 是粘性应力. 铁磁流体的粘性分为两种, 一种是将铁磁流体视为均匀流体, 运动过程中受到流体左右摩擦产生的流体粘性. 本书仅考虑浓度不大的稀释铁磁溶液, 将铁磁流体视为牛顿流体, 粘性主要取载体溶液的粘性. 另外一种粘性是由铁磁颗粒在外部磁场作用下产生的磁粘性, 本书将重点介绍该内容. 作为不可压缩流体, 铁磁流体在运动过程中受到的粘性由方程组 (3.2.2) 的粘性项确定.

$\boldsymbol{T}_{\mathrm{em}}$ 是磁场作用力, 是铁磁流体在外部磁场作用下特有的一种彻体力. $\boldsymbol{T}_{\mathrm{em}}$ 可以展开为以下形式:

$$\boldsymbol{T}_{\mathrm{em}} = \boldsymbol{T}_{\mathrm{s}} + \boldsymbol{T}_{\mathrm{a}}, \tag{3.2.4}$$

其中, $\boldsymbol{T}_{\mathrm{s}}$ 是对称张量, $\boldsymbol{T}_{\mathrm{a}}$ 是反对称张量. 而 $\boldsymbol{T}_{\mathrm{s}}$ 和 $\boldsymbol{T}_{\mathrm{a}}$ 也有其各自的本构方程

$$\boldsymbol{T}_{\mathrm{s}} = 2\eta_{\mathrm{a}}\boldsymbol{e}, \tag{3.2.5}$$

$$\boldsymbol{T}_{\mathrm{a}} = \frac{1}{2}\varepsilon \cdot \boldsymbol{A} = 2\xi\varepsilon \cdot (\boldsymbol{\Omega} - \boldsymbol{\omega}_p), \tag{3.2.6}$$

注意到 $\boldsymbol{T}_{\mathrm{s}}$ 是粘性应力张量中的牛顿流体贡献部分. 方程 (3.2.5) 中, $\boldsymbol{e}$ 为应变率张量, 而 η_{a} 表示在外磁场作用下铁磁流体表现出的粘性. 例如, 对稀释悬浮液可以由著名的 Einstein 理论预测知

$$\eta_{\mathrm{a}} = \eta_0 \left(1 + \frac{5}{2}\phi_v\right)$$

其中, ϕ_v 表示所有悬浮颗粒的体积分数, 包括表面活性剂层, 表示如下:

$$\phi_v = \phi_{\mathrm{m}} \left(\frac{d + 2s}{d} \right)^3,$$

上式中 ϕ_{m} 为磁材料的体积分数, d 为颗粒的平均直径, 而 s 为表面层的厚度.

注意到方程 (3.2.6) 中 $\boldsymbol{A} = -4\xi(\boldsymbol{\omega}_{\mathrm{p}} - \boldsymbol{\Omega})$ 为赝矢量 (张量), $\boldsymbol{A}$ 从考虑角动量方程获得, ξ 为熟悉的涡粘性. 方程 (3.2.6) 中 $\boldsymbol{\Omega}$ 表示一个流体粒子的角速度 (旋度), 定义为 $\boldsymbol{\Omega} = 1/2(\nabla \times \boldsymbol{v})$, $\boldsymbol{\omega}_{\mathrm{p}}$ 表示粒子微团的平均角速度. 这里只给出 $\boldsymbol{A}$ 的定义, 以后将在角动量方程中对 $\boldsymbol{A}$ 作深入讨论.

在电磁场中假设铁磁流体是不导电的, Landau 和 Lifshitz(1960) 表述麦克斯韦应力张量为

$$\boldsymbol{T}_{\mathrm{m}} = -\nabla p_{\mathrm{m}} + \boldsymbol{H}\boldsymbol{M}, \tag{3.2.7}$$

其中, p_{m} 表示真空条件下单位体积的磁能, 这里用如下表达式:

$$p_{\mathrm{m}} = \mu_0 \int_0^H \left(M - \rho \frac{\partial M}{\partial \rho} \right) \mathrm{d}H + \mu_0 \frac{H^2}{2}. \tag{3.2.8}$$

正如方程 (2.4.9) 所表示的朗之万磁感应强度的磁流体, M 和 ρ 成比例. 容易知道 $M = \rho \frac{\partial M}{\partial \rho}$, 从而方程 (3.2.8) 简化为

$$p_{\mathrm{m}} = \mu_0 \frac{H^2}{2}. \tag{3.2.9}$$

最后, 在铁磁流体运动问题中, 流体运动所作用的内部磁场 $\boldsymbol{B} = \boldsymbol{H}_0 + \mu_0\boldsymbol{M}$. 内部磁场也可以表述为

$$\boldsymbol{B} = \boldsymbol{H}_0 + \mu_0\boldsymbol{M} = \mu_0(\boldsymbol{H} + \boldsymbol{M}). \tag{3.2.10}$$

方程 (3.2.10) 可以用来简化铁磁流体力学方程. 注意, 连续介质力学中磁感应强度 $\boldsymbol{B}$ 不同于由磁化强度 $\boldsymbol{M}$ 导致的磁场 (强度)$\boldsymbol{H}$.

将本构方程和方程 (3.2.1) 代入铁磁流体运动方程中, 就可以得到

$$\rho \frac{\mathrm{d}\boldsymbol{u}}{\mathrm{d}t} = -\nabla p^* + \eta \nabla^2 \boldsymbol{u} + \boldsymbol{M} \cdot \nabla \boldsymbol{H} + \frac{I}{2\tau_{\mathrm{s}}} \nabla \times (\boldsymbol{\omega}_{\mathrm{p}} - \boldsymbol{\Omega}) + \rho \boldsymbol{g}. \tag{3.2.11}$$

η 为流体粘性系数 (第一粘性系数). 假设 τ_{s} 很小, 并且忽略自旋扩散作用, 从内部角动量方程合理的时间关系中可以得到 (图 3.1)

$$\frac{I}{\tau_{\mathrm{s}}}(\boldsymbol{\omega}_{\mathrm{p}} - \boldsymbol{\Omega}) = \boldsymbol{M} \times \boldsymbol{H}, \tag{3.2.12}$$

利用关系 $2\zeta = \dfrac{I}{2\tau_{\mathrm{s}}}$，结合方程 (3.2.11) 和方程 (3.2.12)，就可以得到线性铁磁流体的动量方程

$$\rho\frac{\mathrm{d}\boldsymbol{u}}{\mathrm{d}t} = -\nabla p^{*} + \eta\nabla^{2}\boldsymbol{u} + \boldsymbol{M}\cdot\nabla\boldsymbol{H} + \frac{1}{2}\nabla\times\boldsymbol{M}\times\boldsymbol{H} + \rho\boldsymbol{g}. \tag{3.2.13}$$

上述方程中 $\boldsymbol{M}\cdot\nabla\boldsymbol{H}$ 称为开尔文力，可以从电磁场方程获得. 该式首先由 Shliomis (2002) 推导铁磁流体运动方程时获得. 通过给出粘性应力张量的反对称部分，从内部的角动量推导获得 $\frac{1}{2}\nabla\times\boldsymbol{M}\times\boldsymbol{H}$.

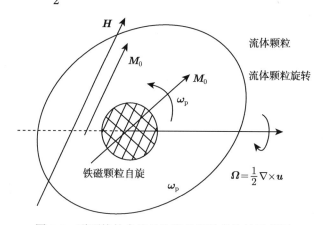

图 3.1　磁颗粒的自旋对抗流体颗粒的旋转示意图

3.3　麦克斯韦方程组

1. 磁感应强度的高斯定理

　　高斯定理和安培环路定理通常用来计算空间场的守恒性. 高斯定理表明体积积分可以转化为积分体表面积分，只要积分物理量之间存在全微分形式. 安培环路定理指封闭曲线的积分可以转化为曲线所围面积的积分，只要积分物理量之间满足右手螺旋法则. 磁性方程是铁磁流体力学方程组的基本方程，而磁感应强度的高斯定理和磁场的安培环路定理所给出的磁感应强度和磁场强度关系式是基本磁性方程.

　　铁磁流体在外部磁场作用下会被磁化，产生磁化强度，影响磁感应强度. 反过来，在真空条件下铁磁流体是超顺磁材料，后面内容可以看到磁化强度 $\boldsymbol{M}$ 可以计算成等效磁场，即 $\boldsymbol{M} = \chi\boldsymbol{H}$.

　　外部磁场通常可以由线圈或磁铁产生的磁场提供. 磁场本身是矢量场，满足矢量计算的高斯定理. 设 S 为外部磁场某区域的边界面，且不包括产生磁场的线圈或

磁铁, 则 S 区域内的磁场是无源场, 从而相对于外部磁场有

$$\oint_S \boldsymbol{H} \cdot \mathrm{d}\boldsymbol{S} = 0.$$

相对于磁化强度 $\boldsymbol{M}$, 首先考虑 S 所包围区域全部包含于铁磁流体之外, 则磁化强度 $\boldsymbol{M}$ 在 S 所包围区域为无源场, 满足

$$\oint_S \boldsymbol{M} \cdot \mathrm{d}\boldsymbol{S} = 0.$$

其次考虑 S 所包围区域全部包含于铁磁流体中, 假设在真空条件下满足 $\boldsymbol{M} /\!/ \boldsymbol{H}$ (对其他情形结论也成立, 但证明细节复杂, 这里不深入讨论), 这时

$$\oint_S \boldsymbol{M} \cdot \mathrm{d}\boldsymbol{S} = \oint_S \chi \boldsymbol{H} \cdot \mathrm{d}\boldsymbol{S} = 0.$$

由于 $\boldsymbol{B} = \mu_0(\boldsymbol{M} + \boldsymbol{H})$, 故

$$\oint_S \boldsymbol{B} \cdot \mathrm{d}\boldsymbol{S} = 0.$$

上式就是磁感应强度高斯定理的积分形式.

由散度定理可知

$$\oint_S \boldsymbol{B} \cdot \mathrm{d}\boldsymbol{S} = \int_V \nabla \cdot \boldsymbol{B} \mathrm{d}V = 0.$$

其中, V 为 S 所包围区域的体积. 考虑到区域的任意性和磁感应强度的连续性, 可以推出

$$\nabla \cdot \boldsymbol{B} = 0.$$

上式说明磁感应强度是无源场, 也就是说, 铁磁流体在无源的外部磁场作用下, 感生获得磁化强度, 但总的磁感应强度仍然是无源场. 上式称为磁感应强度高斯定理的微分形式.

2. 磁场的安培环路定理

铁磁流体关于磁场的安培环路定理, 是讨论磁场的旋度问题. 将斯托克斯定理用于磁场, 即

$$\oint_C \boldsymbol{H} \cdot \mathrm{d}\boldsymbol{l} = \oint_S (\nabla \times \boldsymbol{H}) \cdot \mathrm{d}\boldsymbol{S} = I. \tag{3.3.1}$$

式中, $\boldsymbol{H}$ 表示磁场强度, I 为闭合路径 C 所包围路径的恒定电流. 方程 (3.3.1) 的左边就是磁场的环量.

将 I 用通过由闭合路径 C 所包围的面 S 穿过单位长度的体电流密度 $\boldsymbol{J}$ 表示为

$$I = \int_S \boldsymbol{J} \cdot \mathrm{d}\boldsymbol{S}. \tag{3.3.2}$$

结合式 (3.3.1) 和式 (3.3.2) 可知微分形式的安培定理, 即

$$\nabla \times \boldsymbol{H} = \boldsymbol{J}. \tag{3.3.3}$$

将两边同时取散度, 根据张量性质得

$$\nabla \cdot \boldsymbol{J} = 0. \tag{3.3.4}$$

但是, 若 $\boldsymbol{H}$ 是时变场, 则有

$$\nabla \cdot \boldsymbol{J} = -\frac{\partial \rho_v}{\partial t}, \tag{3.3.5}$$

其中, ρ_v 表示单位体积电荷密度. 时变电荷的存在使得式 (3.3.4) 总成立, 然而式 (3.3.3) 不能总成立. 到底用何种形式代替公式 (3.3.3), 下面将讨论这一问题.

设想有一个电容器和一个时变电压源相连, 外加电压随时间变化, 表征由电源输送到每一个电极板上的电荷也在变化. 也就是说, 电容器各电极板的电荷量依赖于时间. 由于电荷的变化率形成电流, 在电路中必有时变电流 $i(t)$. 该电流也必然在该区域形成时变磁场. 这样, 如果选取一个由闭合路径 C 围成的简单曲面 S, 由安培定理可知

$$\oint_C \boldsymbol{H} \cdot \mathrm{d}\boldsymbol{l} = i(t). \tag{3.3.6}$$

式中, $\boldsymbol{H}$ 为时变磁场强度.

若再考虑由同一路径 C 围成的简单曲面 S', 通过该曲面的传导电流为 0, 也就是说, 下式成立:

$$\oint_C \boldsymbol{H} \cdot \mathrm{d}\boldsymbol{l} = 0. \tag{3.3.7}$$

再一次, 式 (3.3.6) 和式 (3.3.7) 自相矛盾. 如果仅为了消除矛盾而令 $i(t) = 0$, 我们就无法判断电路中电流或由它产生的磁场的存在和大小.

上述矛盾使麦克斯韦断言, 电容器中必须有电流存在. 由于这电流不能由传导产生, 所以通常将该类电流定义为位移电流 (displacement current). 为了考虑位移电流, 麦克斯韦在安培定律中加入一项, 以保证时变磁场也是正确的, 所加的项实际上是电荷守恒的结果. 我们可由高斯定理与连续性方程得出此项, 即

$$\nabla \cdot \boldsymbol{D} = \rho_v. \tag{3.3.8}$$

将上式中的 ρ_v 代入式 (3.3.5) 可得

$$\nabla \cdot \boldsymbol{J} = -\frac{\partial}{\partial t}(\nabla \cdot \boldsymbol{D}).$$

由于时间与空间是独立变数, 因而可将上述方程的微分次序改变, 得

$$\nabla \cdot \boldsymbol{J} = -\nabla \cdot \frac{\partial \boldsymbol{D}}{\partial t},$$

或者

$$\nabla \cdot \left(\boldsymbol{J} + \frac{\partial \boldsymbol{D}}{\partial t}\right) = 0.$$

此方程提示 $\boldsymbol{J} + \partial\boldsymbol{D}/\partial t$ 为连续场. 当使用上述条件代替条件 (3.3.4) 时, 安培定理 (3.3.3) 在时变场形式为

$$\nabla \times \boldsymbol{H} = \boldsymbol{J} + \frac{\partial \boldsymbol{D}}{\partial t}. \tag{3.3.9}$$

麦克斯韦称上式中 $\partial\boldsymbol{D}/\partial t$ 为位移电流密度 (以 $\mathrm{A/m^2}$ 为单位). 虽然有时可能并没有真正物质的电流, 但这个名称依然在用 (Rosensweig, 1985). 当用式 (3.3.9) 来描述安培定理时, 不再出现矛盾.

式 (3.3.9) 右边还说明, 在外磁场作用下导电介质中任何一点存在一个总电流密度 (total ampere density), 包括传导电流密度和位移电流密度两部分:

$$总电流密度 = \boldsymbol{J} + \frac{\partial \boldsymbol{D}}{\partial t}. \tag{3.3.10}$$

安培定理的修正是麦克斯韦最重大的贡献之一, 它使统一的电磁场理论迈入一个新时期.

对于由封闭曲线 C 所包围的任意简单曲面 S, 式 (3.3.9) 可重写为积分形式

$$\oint_C \boldsymbol{H} \cdot \mathrm{d}\boldsymbol{l} = \oint_S \boldsymbol{J} \cdot \mathrm{d}\boldsymbol{S} + \oint_S \frac{\partial \boldsymbol{D}}{\partial t} \cdot \mathrm{d}\boldsymbol{S}. \tag{3.3.11}$$

上述式子右边第一项表示传导电流, 第二项表示位移电流.

3. 麦克斯韦方程组

麦克斯韦方程组和重力定律一样, 都是自然定律. 这些方程是宇宙用来控制电场和磁场的行为规则. 电流的流动将产生磁场, 如电流随时间的变化而变化 (如存在任何波或周期信号), 反之磁场变化也会产生电场. 麦克斯韦方程组表明分离电荷 (正、负) 给出了一个电场上升, 如果是在不同的时间, 也会增加传播的电场, 进

一步引发传播磁场. 通过了解下面的麦克斯韦方程组, 你会发现在这些复杂的数学方程内, 可以了解到电磁世界相互作用的内在机理.

$$\nabla \cdot \boldsymbol{D} = \rho_v, \tag{3.3.12}$$

$$\nabla \cdot \boldsymbol{B} = 0, \tag{3.3.13}$$

$$\nabla \times \boldsymbol{E} = -\frac{\partial \boldsymbol{B}}{\partial t}, \tag{3.3.14}$$

$$\nabla \times \boldsymbol{H} = \frac{\partial \boldsymbol{D}}{\partial t} + \boldsymbol{J}, \tag{3.3.15}$$

4. 磁场的势函数

若不考虑电场变化且没有电流, 由式 (3.3.13) 和式 (3.3.15) 可知, 内部磁场和外部磁场分别遵循如下高斯定理和安培环路定理:

$$\nabla \cdot \boldsymbol{B} = 0 \left(\text{或} \int_S \boldsymbol{B} \cdot \mathrm{d}\boldsymbol{S} = 0 \right), \quad \nabla \times \boldsymbol{H} = 0. \tag{3.3.16}$$

记 $\boldsymbol{H} = (H_x, H_y, H_z)$, 那么

$$\frac{\partial H_z}{\partial y} = \frac{\partial H_y}{\partial z}, \quad \frac{\partial H_x}{\partial z} = \frac{\partial H_z}{\partial x}, \quad \frac{\partial H_y}{\partial x} = \frac{\partial H_x}{\partial y},$$

假设存在一个势函数 φ_m, 满足

$$\boldsymbol{H} = -\nabla \varphi_\mathrm{m}, \tag{3.3.17}$$

显然, 势函数给出的磁场解满足式 (3.3.16). 所以, 给定势函数 φ_m 以后, 可以直接从式 (3.3.17) 获得磁场强度.

若在真空条件下, 对于顺磁性流体而言, $\boldsymbol{B} // \boldsymbol{H}$. 也就是说, 存在磁化率 χ 满足 $\boldsymbol{B} = \chi \boldsymbol{H}$. 再根据式 (3.3.13) 可知

$$\nabla^2 \varphi_\mathrm{m} = 0, \tag{3.3.18}$$

式 (3.3.18) 表明, 对于非导电磁流体在真空条件下磁场势函数 φ_m 满足 Laplace 方程. 如果能够通过求解 Laplace 方程得到 φ_m, 则已经求解了式 (3.3.16) 满足的磁场强度.

3.4　铁磁流体力学 Bernoulli 方程

流体力学中最有用的关系是瑞士数学家 Daniel Bernoulli 于 1738 年在研究水力学时给出的 Bernoulli 方程. 方程描述了压力、速度以及重力场中流体的海拔. 通

过 Bernoulli 方程可以计算出有深度的水库中的压力差、飞机机翼的升力、风吹过帆产生的力.

下面将推广 Bernoulli 方程, 用深刻而简便的方法类似地分析铁磁流体力学的许多问题. 在静力学平衡中, 对于不考虑粘性阻力或粘性阻力很小可以忽略情况下稳态流的许多问题, Bernoulli 方程非常适用. 特殊情况下利用铁磁流体的 Bernoulli 关系式, 特别是在获得精确解需要耗费过多的时间和费用时, 常常被用来确定起主导作用的各项的量阶.

1. 毛细压力

众所周知, 对于一般流体, 压力连续穿过平面流体边界, 然而对铁磁流体而言这一条件不再成立. 如图 3.2 所示, 界面处公式中磁压出现形成牵引力 $\frac{1}{2}\mu_0 M_n^2$.

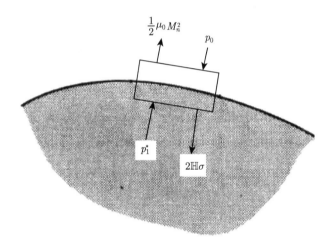

图 3.2　磁压出现形成牵引力

下面将推导更多铁磁流体边界条件的定义形式. 考虑两种流体的界面, 流体 1 看成是能被磁化的 $(M > 0)$, 而流体 2 看成是不能被磁化的 $(M = 0)$, 流体之间不考虑粘性.

记 $\mathbb{H}$ 为算术平均曲率,

$$\mathbb{H} = \frac{1}{2}\left(\frac{1}{R_1} + \frac{1}{R_2}\right), \tag{3.4.1}$$

则表面力密度可以表示为

$$p_c = 2\mathbb{H}\sigma \tag{3.4.2}$$

其中, p_c 为具有曲率的表面产生的毛细压力, 并和表面作用力或表面张力起作用.

由式 (3.4.2) 可以写出常密度的无粘等温系统中界面动量转换方程的一般形式:

$$\boldsymbol{n} \cdot (\boldsymbol{T}'_{m2} - \boldsymbol{T}'_{m1}) - \boldsymbol{n} 2\mathbb{H}\sigma = 0 \tag{3.4.3}$$

其中, $\boldsymbol{T}'_{m2}$ 和 $\boldsymbol{T}'_{m1}$ 为磁应力张量, 包括压应力, 在临近媒介表面形成平衡.

2. 铁磁流体力学 Bernoulli 方程

首先指出本节研究的铁磁流体应是不可压缩且为失稳的, 其中满足 $\boldsymbol{M} /\!/ \boldsymbol{H}$, 记 $M = |\boldsymbol{M}|, H = |\boldsymbol{H}|$. 由 Rosensweig 方程, 铁磁流体力学方程可以改写为

$$\rho \frac{\mathrm{d}\boldsymbol{u}}{\mathrm{d}t} = -\nabla p^* + \eta \nabla^2 \boldsymbol{u} + M\nabla H + \rho \boldsymbol{g} \tag{3.4.4}$$

刻画铁磁流体方程的一个比较特殊的特点是动量方程和附加的体积力项 $M\nabla H$ 相联系, 开尔文力密度和在流体的静压力 p 中出现复合压力 p^*. 在这种意义下, 方程 (3.4.4) 可以理解为广义的 Navier-Stokes 方程. 注意, 重力 $\rho \boldsymbol{g}$ 为有势的, 从而

$$\rho \boldsymbol{g} = -\nabla(\rho g h). \tag{3.4.5}$$

由积分学基本性质可知

$$M\nabla H = \nabla \int_0^H M \mathrm{d}H - \int_0^H (\nabla M)_H \mathrm{d}H. \tag{3.4.6}$$

在定常情形下, 磁化强度 M 为外磁场 H 和温度 T 的函数, 从而

$$(\nabla M)_H = \frac{\partial M}{\partial T} \nabla T, \tag{3.4.7}$$

沿用流体力学中 Bernoulli 方程的假设, 考虑流体是无粘无旋的, 即粘性系数 $\eta_r = 0$, $\boldsymbol{\Omega} = \nabla \times \boldsymbol{u} = 0$, 由张量分析知

$$\boldsymbol{u} \cdot \nabla \boldsymbol{u} = \nabla \left(\frac{1}{2} u^2 \right) - \boldsymbol{u} \times \nabla \times \boldsymbol{u} = \nabla \left(\frac{1}{2} u^2 \right), \tag{3.4.8}$$

而且各向同性且温度 $T =$ 常数. 在稳态情况下, 即 $\partial \boldsymbol{u}/\partial t = 0$, 方程 (3.4.4) 可以化简为

$$\nabla \left(p^* + \frac{1}{2}\rho u^2 + \Psi - \int_0^H M(H')\mathrm{d}H' \right) = 0, \tag{3.4.9}$$

其中, $\Psi = \rho g h$ 是重力势能. 最后一项可以由平均磁场的磁化强度来重新写出, 平均磁场的磁化强度的定义为

$$\overline{M} = \frac{1}{H} \int_0^H M(H)\mathrm{d}H, \tag{3.4.10}$$

对方程 (3.4.9) 积分 (沿流线或涡线) 可以得到如下形式:

$$\frac{1}{2}\rho u^2 + p^* + \rho gh - \overline{M}H = \text{const.} \tag{3.4.11}$$

比较方程 (3.4.11) 和流体动力学 Bernoulli 方程, 方程 (3.4.11) 可被称作是铁磁流体力学 Bernoulli 方程, 其中 Bernoulli 方程添加了一个新项 $-\overline{M}H$ 来表示磁势能. 方程 (3.4.11) 在工程界的重要性参见山口博司 (2011) 所著文献.

3.5 磁流体静力学

当速度 u 趋近于 0 时, 流体处于力学静止状态, 其中方程 (3.4.11) 在静止磁流体中的压力分布可由下式描述:

$$p^* = p_0^* - \rho g(z - z_0) + \int_{H_0}^{H} M(H')\mathrm{d}H', \tag{3.5.1}$$

其中, p_0^* 是在 $\boldsymbol{x}_0 = (x_0, y_0, z_0)$ 点的复合压力, 此时 $H = H_0$ 和 z 轴方向是垂直向上的.

注意, 当我们考虑磁流体中嵌有非磁流体的情况时, 这与山口博司 (2011) 所著文献中图 3.3 描述的差不多. 作用在质量上的力由作用在 $\mathrm{d}S$ 上的表面应力 T_{nn} 确定, 也像流体力学方程中的处理:

$$\begin{aligned}\boldsymbol{F} &= \int_S T_{nn}\mathrm{d}\boldsymbol{S} \\ &= \int_S (-p_0\boldsymbol{I} - \frac{\mu_0}{2}H^2\boldsymbol{I} + \boldsymbol{H}\boldsymbol{B})_{nn}\hat{\boldsymbol{n}}\mathrm{d}S,\end{aligned} \tag{3.5.2}$$

其中, T_{nn} 由方程 (3.2.11) 和方程 (3.2.7) 中流体静力学的麦克斯韦应力张量求得. 在考虑体的表面上, 磁导率 $\boldsymbol{B}$ 需满足下式:

$$\int_S \boldsymbol{B}\mathrm{d}\boldsymbol{S} = 0. \tag{3.5.3}$$

通过方程 (3.5.2) 可得到

$$\boldsymbol{F} = \int_S \left[-p_0 - \frac{1}{2}(\boldsymbol{M}_n)^2\right]\hat{\boldsymbol{n}}\mathrm{d}S. \tag{3.5.4}$$

方程 (3.5.4) 表示在考虑体的表面, 压力边界变为

$$p_0 + \frac{1}{2}(M_n)^2 = \text{const.} \tag{3.5.5}$$

式 (3.5.5) 中的第二项称为磁的法向牵引, 代表磁性压力在考虑体和磁流体表面会有一个不连续的跳动. 关于磁的法向牵引的更多讨论参见文献 (Gotoh and Yamada, 1982).

一般来说, 方程 (3.5.4) 的表面积分计算服从净力 F. 然而, 真实生活中获得 $M_n = M_n(H)$ 是十分困难的, 因为非磁考虑体镶嵌在磁流体中会扰乱外部磁场而且会改变考虑体表面的 $H = H(x)$. 以下假设是合理的, $M_n \ll H$, 这样我们可以忽略磁粘性牵引. 利用方程 (3.5.1) 可以将 F 写成

$$F = -\int_S p^* \hat{n} \mathrm{d}S = \int_S \left\{ \rho g z - \int_{H_0}^{H} M(H')\mathrm{d}H' \right\} \hat{n}\mathrm{d}S. \qquad (3.5.6)$$

和前面一样假设磁场 $H = H(x)$ 浸没在磁流体中. 利用高斯散度定律, 方程 (3.5.6) 可写为

$$\begin{aligned} F &= -\int_S p^* \hat{n} \mathrm{d}s = -\int_V \nabla p^* \mathrm{d}V \\ &= \int_V (\rho g + M\nabla H)\mathrm{d}V. \end{aligned} \qquad (3.5.7)$$

如果进一步假设内部非磁性体中, $M\nabla H$ 像 g 一样是一个常量, 方程 (3.5.7) 可以写为

$$F = -\rho g z - (M\nabla H)V, \qquad (3.5.8)$$

方程 (3.5.8) 中的第一项为参考流体静力学方程满足阿基米德原理的浮力; 第二项为磁浮力, 它的方向由磁场梯度 ∇H 决定 (假设 $M /\!/ H$).

如图 3.3 所示, 当磁场的方向选为与重力方向相同时, 就很容易增加非磁流体的浮力作用. 磁流体的这一特性在现实生活中被广泛应用, 其中之一便是图 3.3(a) 中所示的带有指定重力的矿石分离过程, 利用预置量值的浮力把想要的矿石筛选出来. 相反地, 在外磁场作用下, 非磁物质还可以实现自悬浮. 又如图 3.3(b) 中所示, 一个永磁被放置在一个充满磁流体的非磁容器中时, 容器底部的磁浮力稳定孤立存在并与侧壁相排斥, 会产生磁悬浮现象. 磁悬浮是工程中加速剂、液位计和惯性阻尼的基础.

由方程 (3.5.1) 给出的磁静力学方程可以看出, 由场的梯度导致的体积力会产生压力梯度, 正如方程 (3.5.5) 所述, 此时静态条件 $u = 0$ 满足. 磁化质量力的压力梯度是磁流体静力学中的一个重要作用. 正是磁流体的这些性质, 使得它广泛应用于磁密封.

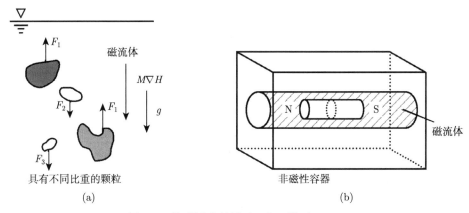

图 3.3　静磁浮力的影响 (山口博司, 2011)

3.6　铁磁颗粒和载液之间相互作用的边界条件

铁磁流体运动受外部磁场作用和影响, 当外部磁场 $H_0 = 0$ 时, 铁磁流体和普通流体一样, 满足流体力学基本方程组及其初始条件和边界条件. 当外部磁场 $H_0 \neq 0$ 时, 可以假设铁磁流体运动不对外部磁场产生影响, 从而可以在外部磁场的作用下对铁磁流体运动方程组独立求解.

1. 内部磁场满足的边界条件

设 τ 为任意流体微团, S 为微团的表面. 由方程 (3.3.13) 和高斯积分公式可知内部磁场满足

$$\int_\tau \nabla \cdot \boldsymbol{B} \mathrm{d}\tau = \oint_S \boldsymbol{B} \cdot \boldsymbol{n} \mathrm{d}S = 0. \tag{3.6.1}$$

若取微团的表面 S 为底面积 ΔS 厚度很小的圆柱体薄片, 则沿薄片表面积分

$$\oint_S \boldsymbol{B} \cdot \boldsymbol{n} \mathrm{d}S = (B_{2n} - B_{1n})\Delta S = 0. \tag{3.6.2}$$

由于界面位置任意, 所以边界面两边 (分别用下标 1, 2 表示) 的内部磁场的法向分量满足 (图 3.4)

$$B_{2n} = B_{1n}, \tag{3.6.3}$$

即

$$\boldsymbol{n} \cdot (\boldsymbol{B}_2 - \boldsymbol{B}_1) = 0. \tag{3.6.4}$$

这表明磁感应强度在边界面法向连续变化.

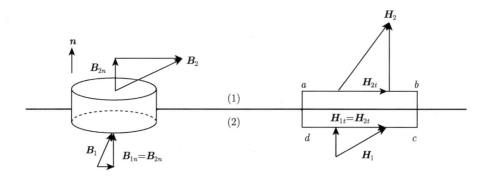

图 3.4　通过不同区域时 $\boldsymbol{B}$ 的法向分量和 $\boldsymbol{H}$ 的切向分量连续穿过界面

2. 外部磁场满足的边界条件

设流体界面边界任意点 x, S 表示 x 作为内点的任意流体方形区域, L 为方形区域的边界. 由方程 (3.3.16) 和斯托克斯积分公式可知外部磁场满足

$$\int_S \nabla \times \boldsymbol{H} \mathrm{d}\boldsymbol{S} = \oint_L \boldsymbol{H} \mathrm{d}\boldsymbol{L} = 0. \tag{3.6.5}$$

假设方形区域 S 为两侧边长 ΔL 厚度很小的方形薄片, 则沿薄片边界积分为

$$\oint_L \boldsymbol{H} \mathrm{d}\boldsymbol{L} = (H_{2t} - H_{1t})\nabla \Delta L = 0. \tag{3.6.6}$$

由于方形薄片位置任意, 所以流体界面边界任意点 x 处两边 (分别用下标 1, 2 表示), 外部磁场沿流体界面边界的切向分量满足

$$H_{2t} = H_{1t}, \tag{3.6.7}$$

即

$$\boldsymbol{n} \times (\boldsymbol{B}_2 - \boldsymbol{B}_1) = 0.$$

这表明外部磁场在边界面切向连续变化.

3. 应力满足的边界条件

铁磁流体运动在边界面两边表面法向应力包括重力 f_g, 流体压力 f_p, 开尔文力 (磁压)f_{m} 和表面张力 f_{s}. 通常情况下, 由于铁磁颗粒非常微小, 重力和表面张力不及布朗运动的作用, 可以忽略不计. 磁压可以表示为

$$\begin{aligned} f_{\mathrm{m}} &= \boldsymbol{M} \cdot \nabla H_0 = \boldsymbol{B} \cdot \nabla \boldsymbol{H} - \mu_0 \boldsymbol{H} \cdot \nabla \boldsymbol{H} \\ &= \nabla \cdot (\boldsymbol{B} \cdot \boldsymbol{H}) - \frac{1}{2}\mu_0 \nabla H^2, \end{aligned} \tag{3.6.8}$$

从而边界面处表面应力张量为

$$\boldsymbol{\tau} = \boldsymbol{BH} + \left(-p + \frac{1}{2}\mu_0 H^2\right)\boldsymbol{I}, \qquad (3.6.9)$$

其中, $\boldsymbol{I}$ 为单位矩阵向量.

将边界面处表面应力张量 $\boldsymbol{\tau}$ 沿边界面作法向分量投影即可得到

$$p_1 + \frac{1}{2}\mu_0 M_{1,n}^2 = p_2 + \frac{1}{2}\mu_0 M_{2,n}^2, \qquad (3.6.10)$$

其中, $M_{1,n}$ 和 $M_{2,n}$ 分别表示磁化强度 $\boldsymbol{M}$ 在两边界面上的法向分量 (图 3.5).

铁磁流体和大气接触边界处, $p_2 = p_0$, $M_{2,n} = 0$.

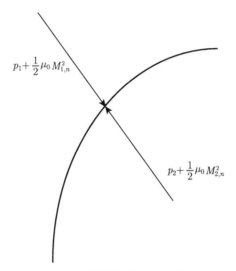

图 3.5 铁磁流体边界面上应力的法向分量

3.7 热对流现象

如果考虑重力场下的流体运动, Rosensweig 方程中出现的开尔文力密度 $M\nabla H$ 是一个对重力的附加质量力. 前文可见, $M\nabla H$ 项在确定磁流体的流动行为方面起着非常重要的作用. 下面我们考虑, 如果将温度场 $T(x)$ 引入内部流动的流场中, 热磁自然对流现象则与热重力自然对流类似.

在热磁自然对流现象中可以发现, 与热重力自然对流发生方式类似, 热磁自然对流是流体静力学不稳定性引起力学不平衡所致. 图 3.6 为 Benard 对流, 通常作为一个最简单的自然对流的例子. 底部的温度被设定为高于顶部, 加热装置为水平放置的二维无限长平行平板. 两层平板之间的铁磁流体是载荷的, 其中密度和磁化

强度 M 为空间分布不均匀的, 它依赖于温度场分布. 在此假设两层固体平板具有无限的磁导率和热传导率. 开始时刻, 如图 3.6(a) 所示, 流体处于力学平衡静止状态, 周围的磁场 H 和温度差都非常小, 热量通过铁磁流体层从底部传到顶部. 这是一类导通状态, 等温分布保持不变. 当温度场或者磁场变化时, 存在一个阈值条件, 超过这个阈值自然对流模型起作用, 之后出现流体的层次结构, 随着流体分层产生自然对流, 这就是众所周知的 Benard 对流, 如图 3.6(b) 所示. 在这种流体流动模式中, 也就是说, 自然对流状态与由于对流运动的热传导状态相比, 传热率急剧增加.

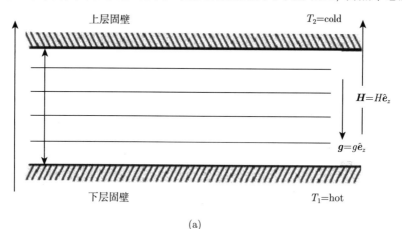

(a)

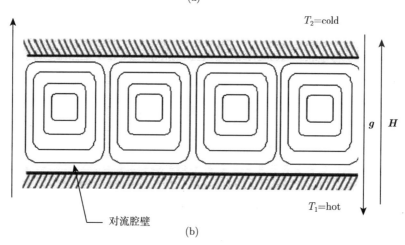

(b)

图 3.6   热自然对流的 Benard 对流问题

为了更多地了解热磁自然对流出现时的临界现象, 我们将首先给出一个力学平衡条件的机理. 必要的力学平衡可以通过在流体动力学静力学平衡 $u = 0$ 时, 对 Rosensweig 方程取旋度, 如下所示:

$$\nabla\rho \times \boldsymbol{g} + \nabla M \times \nabla H = 0. \tag{3.7.1}$$

为了检验方程 (3.7.1), 我们首先给出一些随温度改变的物理量 $\rho = \rho(T)$, $M = M(T, H)$, 同样 T 也随 z 改变, $T = T(z)$:

$$\nabla\rho = \frac{\partial\rho}{\partial T}\nabla T, \tag{3.7.2}$$

$$\nabla M = \left(\frac{\partial M}{\partial T}\right)_M \nabla T + \left(\frac{\partial M}{\partial H}\right)_T \nabla H. \tag{3.7.3}$$

另一个假设是, 磁流体在磁性项集中时表现为各向同性. 把方程 (3.7.2) 代入方程 (3.7.3), 服从力学平衡的必要条件

$$\left\{ \left(\frac{\partial\rho}{\partial T}\right)\boldsymbol{g} + \left(\frac{\partial M}{\partial T}\right)\nabla H \right\} \times \nabla T = 0. \tag{3.7.4}$$

临界现象的存在, 也就是自然对流流动过渡到热传导状态, 需要 ∇T, ∇H 和 $\boldsymbol{g}$ 三者保持平衡性. 当三者的平衡性被破坏时, 平衡状态也不会再保持了. 对流一旦发生, 就会出现对流速度 $u \neq 0$.

Benard 对流中的热特性由瑞利数 (Rayleigh number)Ra 决定, Ra 的定义为

$$Ra = Gr \times Pr = \frac{\rho_0 g \beta_{\mathrm{T}} |\nabla T| c_p l^4}{\kappa_c \nu}. \tag{3.7.5}$$

温度梯度 ∇T 定义为 $\Delta T/l$, c_p 表示等压热容, κ_c 表示热传导系数, ν 为运动学粘性系数, 注意到 β_{T} 是热扩散系数, 定义为

$$\rho = \rho_0\{1 - \beta_{\mathrm{T}}(T - T_0)\}. \tag{3.7.6}$$

进一步分析发现 T_0 和 ρ_0 分别为参考温度和参考密度. 所有的热物理值都为磁流体的容积率.

某些简化可以假设磁化强度是线性的, 它被称作是磁流体的软磁近似. 利用方程 (3.7.3), 磁化强度可以写成类似于方程 (3.7.6) 的形式:

$$M = M_0\{1 - \beta_{\mathrm{m}}(T - T_0)\}, \tag{3.7.7}$$

其中, β_{m} 被称为相关热磁系数.

方程 (3.7.6) 满足平行条件, 也就是说, $\boldsymbol{g}//\nabla H$, 且具有磁流体自然对流的临界现象, 方程 (3.7.5) 中定义的瑞利数可被修改为

$$Ra^* = \left(\rho_0 g \beta_{\mathrm{T}} - \beta_{\mathrm{m}} M_0 \frac{\mathrm{d}H}{\mathrm{d}T} \right) \left(-\frac{\mathrm{d}T}{\mathrm{d}z} \right) c_p l^4 / \kappa_c \nu. \tag{3.7.8}$$

方程 (3.7.8) 中推导的最重要的结果是在外加热磁力的作用下流场的不稳定性, 即自然对流. 在自然对流中发生流动不稳定性可以由普通的热对流不稳定性问题已知的解决方案来描述. 考虑方程 (3.6.7) 中的磁极效应, 磁场梯度 dH/dZ 可以写成

$$\nabla \cdot \boldsymbol{H} = -\frac{1}{\mu_0} \nabla \cdot \boldsymbol{M}. \tag{3.7.9}$$

方程 (3.7.9) 中 $\boldsymbol{H}$ 的一个标量分量为

$$\begin{aligned} \nabla H &= -\frac{1}{\mu_0} \nabla M \\ &= -\frac{1}{\mu_0} \left\{ \left(\frac{\partial M}{\partial T}\right)_H \nabla T + \left(\frac{\partial M}{\partial H}\right)_T \nabla H \right\}. \end{aligned} \tag{3.7.10}$$

所以

$$\frac{\mathrm{d}H}{\mathrm{d}z} = -\frac{1}{\mu_0} \left\{ -M_0 \beta_{\mathrm{m}} \frac{\mathrm{d}T}{\mathrm{d}z} + \chi \frac{\mathrm{d}H}{\mathrm{d}z} \right\}. \tag{3.7.11}$$

从而外磁场梯度为

$$\frac{\mathrm{d}H}{\mathrm{d}z} = \frac{M_0 \beta_{\mathrm{m}}}{\mu_0 + \chi} \frac{\mathrm{d}T}{\mathrm{d}z}. \tag{3.7.12}$$

所以, 把方程 (3.7.12) 代入方程 (3.7.9), 方程 (3.7.8) 中的 Ra^* 可以分解为两个基本项的和的形式:

$$\begin{aligned} Ra^* &= -\rho_0 g \beta_T \left(\frac{\mathrm{d}T}{\mathrm{d}z}\right) c_p l^4 / (\kappa_{\mathrm{c}} \upsilon) + \frac{\beta_{\mathrm{m}}^2 M_0^2}{\mu_0 + \chi} \left(\frac{\mathrm{d}T}{\mathrm{d}z}\right)^2 c_p l^4 / (\kappa_{\mathrm{c}} \upsilon) \\ &= Ra + Ra_{\mathrm{m}}. \end{aligned} \tag{3.7.13}$$

第一项 Ra 是一个普通量 (热重力的瑞利数), 而第二项 Ra_{m} 可以定义为磁瑞利数. 方程 (3.7.13) 中的一个重要结果是在温度梯度 $\nabla T = \mathrm{d}T/\mathrm{d}z$ 所有方向上 Ra_{m} 都是正值, 这表明在磁场梯度 $\nabla H = \mathrm{d}H/\mathrm{d}z$ 不分方向时, 磁场温度的波动会导致流体热对流的不稳定性.

在 Benard 对流的第一次转变时, 确定临界瑞利数 Ra_{c}^*, 在第一次出现的 Benard 对流细胞发生瑞利数 (Rosensweig, 1985), 数值表明流体磁化曲线的非线性特征参数 $K = B_0/H_0(\mu_0 + \chi)$ 具有很重要的作用. 进一步分析知, 当 $K \to \infty$ 时, 这个不稳定问题就变为传统 Benard 对流不稳定问题, 如方程 (3.7.13) 所示. 最终我们找到了应用于常规热重力和热磁流体项的临界瑞利数 $Ra_{\mathrm{c}}^* = 1708$

$$Ra_{\mathrm{c}}^* = Ra_{\mathrm{c}} + Ra_{\mathrm{mc}}. \tag{3.7.14}$$

从各类数值模拟中, 我们也可以采用以下的线性形式:

$$\frac{Ra_{\mathrm{c}}}{Ra_{\mathrm{c}}^*} = 1 - \frac{Ra_{\mathrm{mc}}}{Ra_{\mathrm{m0}}}. \tag{3.7.15}$$

其中, Ra_{m0} 是没有重力作用时的临界磁瑞利数, 即 $K \to \infty$ 时情形 (Blums et al., 1997).

以 $\boldsymbol{\omega}_p$ 表示内在旋度 (角旋转率), 铁磁流体角动量方程可以表示成

$$I\frac{\mathrm{d}\boldsymbol{\omega}_p}{\mathrm{d}t} = (\lambda' + \eta')\nabla(\nabla \cdot \boldsymbol{\omega}_p) + \eta'\nabla^2\boldsymbol{\omega}_p - \frac{I}{\tau_s}(\boldsymbol{\omega}_p - \boldsymbol{\Omega}) + \boldsymbol{M} \times \boldsymbol{H}. \qquad (3.7.16)$$

在旋转粘性中 λ' 和 η' 分别称为剪切粘性系数和体积膨胀系数 (Rosensweig, 1985). 已经提到方程 (3.7.16) 中的 $\boldsymbol{M} \times \boldsymbol{H}$ 等价于体结合力 $\rho\boldsymbol{f}$, 称为转矩密度 (单位体积的转矩).

若 τ_s 充分小, 相对颗粒旋转来说扩散和对流可以忽略, 那么方程 (3.7.16) 能写成更简单的形式:

$$\frac{I}{\tau_s}(\boldsymbol{\omega}_p - \boldsymbol{\Omega}) = \boldsymbol{M} \times \boldsymbol{H} \qquad (3.7.17)$$

注意到 $\tau_s = I/6\eta_0\phi_v = \rho_s d^2/60\eta_0 \approx 1 \times 10^{-11}\mathrm{s}$, 其中 $d = 10\mathrm{nm}$, $\eta_0 = 10^{-3}\mathrm{kg/(m \cdot s)}$ 而 $\rho_s = 6 \times 10^3\mathrm{kg/m}^3$ 表示颗粒材料的密度.

在参照系的旋转框中 Debye 型磁化方程形式为

$$\frac{\mathrm{d}'M}{\mathrm{d}t} = -\frac{1}{\tau_B}(M - M_0). \qquad (3.7.18)$$

Schwab 等的实验也证明了方程 (3.7.16) 和方程 (3.7.18) 中的关系是成立的 (Schliomis, 2002), 如图 3.7 所示, 其中 Nu 是 Nusselt 数. 从图 3.7 可以看到, 随着磁场强度的增大, 临界瑞利数反而变小, 扰乱了流体的状态, 从而使热量传递更加容易, 热量又促进了对流运动.

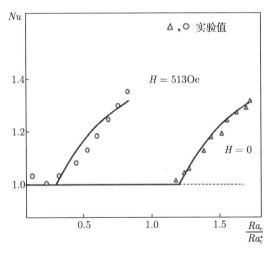

图 3.7 热磁对流中的热转换特征 (Schwab et al., 1983)

ρg 与 $M\nabla H$ 之间的兼容是一个非常有趣的事情, 特别是在天体工程的应用中, 其中在没有重力的作用下, 一个体力可能通过 $M\nabla H$ 而改变或被控制. 在太空环境连同热对流现象中, 都出现了广泛的工程应用或纯流体科学问题的完美结合.

参 考 文 献

高勇, 范春珍, 黄吉平. 2010. 胶体铁磁流体的光子特性研究. 物理学进展, 30(4):387-421.

山口博司. 2011. 磁性流体. 东京: 森北出版社株式会社.

王士彬, 杜林, 孙才新, 等. 2011. 水基铁磁流体磁致凝聚行为的三维耗散粒子动力学研究. 功能材料, 42(2): 298-301.

吴望一. 2014. 流体力学. 北京: 北京大学出版社.

Berkovsky B M, Medvedev V F, Krakov M S. 1993. Magnetic Fluid, Engineering Application. Oxford: Oxford University Press.

Blums E, Cebers A, Maiorov M M. 1997. Magnetic Fluids. Berlin: Walter de Gryuter and Co.

Butt A S, Ali A. 2014. Entropy analysis of magnetohydrodynamic flow and heat transfer due to a stretching cylinder. Journal of the Taiwan Institute of Chemical Engineers, 45(3):780-786.

Cunha F R, Rosa A P, Dias N J. 2016. Rheology of a very dilute magnetic suspension with micro-structures of nanoparticles. Journal of Magnetism and Magnetic Materials, 397: 266-274.

Ellahi R, Rahman S U, Nadeem S. 2014. Blood flow of Jeffrey fluid in a catherized tapered artery with the suspension of nanoparticles. Physics Letters A, 378(40):2973-2980.

Gotoh K, Yamada M. 1982. Thermal convection in a horizontal layer of magnetic fluids. Journal of the Physical Society of Japan, 51(9): 3042-3048.

Guru B S, Hiziroglu H R. 2006. 电磁场与电磁波. 2 版. 周克定, 等译. 北京: 机械工业出版社.

Hayat T, Qasim M. 2014. Effects of thermal radiation on unsteady magnetohydrodynamic flow of a micropolar fluid with heat and mass transfer. Zeitschrift Naturforschung Teil A, 65(11):950-960.

Kendoush A A, Awni F A, Majeed F Z. 2000. Measurement of void fraction in magnetic two-phase fluids. Experimental Thermal and Fluid Science, 22(1/2): 71-78.

Landau L D, Lifshitz L D. 1960. Electrodynamics of Continuous Media(2nd Edition, 1984). Oxford:Pergamon Press.

Nadeem S, Akbar N S, Hendi A A, et al. 2011. Power law fluid model for blood flow through a tapered artery with a stenosis. Applied Mathematics & Computation, 217(17):7108-7116.

Nadeem S , Haq R U, Khan Z H. 2013. Heat transfer analysis of water-based nanofluid over an exponentially stretching sheet. AEJ-Alexandria Engineering Journal, 53(1):223-255.

Neuringer J L, Rosensweig R E. 1964. Ferrohydrodynamics. The Physics of Fluids, 7(12): 1927-1964.

Odenbach S. 2002. Magnetoviscous Effects in Ferrofluids. New York: Springer.

Rosensweig R E. 1985. Ferrohydrodynamics. Mineola, New York: Dover Publications.

Schwab L, Hildebrandt U, Stierstadt K. 1983. Magnetic Bénard convection. Journal of Magnetism and Magnetic Materials, 39(39):113, 114.

Sheikholeslami M, Ganji D D. 2014. Ferrohydrodynamic and magnetohydrodynamic effects on ferrofluid flow and convective heat transfer. Energy, 75:400-410.

Shliomis M I. 2002. Ferrohydrodynamics: retrospective and issues in Ferrofluids. Lecture Notes in Physics, 594:85-111.

Smith D R, Padilla W J, Vier D C, et al. 2000. Composite medium with simultaneously negative permeability and permittivity. Physical Review Letter, 84(18):4184-4187.

Yamaguchi H. 2005. Void fraction measurement in magnetic fluid. Journal of Magnetism and Magnetic Materials, 289:403-406.

Yamaguchi H. 2008. Engineering Fluid Mcchanics. New York: Springer.

第4章　铁磁流体的磁粘性特征

4.1　铁磁流体的磁粘性

1. 铁磁流体的开尔文力与磁粘性系数

一直以来磁粘性都是非常重要的理论与实验热点问题之一. Mctague 在研究具有稳定的外磁场的 Poiseuille 铁磁流体流动时, 首先发现铁磁流体粘性会随外磁场强度增大而增加 (Mctague, 1969). 文献 (Mctague, 1969; Shliomis, 1972) 解释了磁粘性机理. 在外磁场存在的情况下, 铁磁流体在运动过程中会受到开尔文力作用 (Rosensweig, 1985; Blums et al., 1997)

$$f_{\mathrm{m}} = \eta_r \chi M \nabla H, \tag{4.1.1}$$

体积分数 7% 左右的铁磁流体可近似取 $\chi = 1$. 磁力出现在铁磁流体力学方程中. 例如, 铁磁流体力学 Navier-Stokes 方程组能写成如下形式 (Rosensweig, 1985):

$$\frac{\mathrm{d}\boldsymbol{v}}{\mathrm{d}t} = -\nabla p + \nu \nabla^2 \boldsymbol{v} + \eta_r M \nabla H, \tag{4.1.2}$$

其中, ν 表示铁磁流体基载液体的粘性, η_r 表示在外磁场存在情况下磁流体的悬浮粘性 (suspension viscosity 或 magnetoviscous).

2. 振荡磁场中铁磁流体的负粘性

有趣的是, 如果磁场频率 ω 适时且足够高从而满足不等式 $\omega \tau_{\mathrm{B}} > 1$, 则 η_r 为负的 (Shliomis and Morozov, 1994; Bacri et al., 1995; Rosensweig, 1996), 这里 $\tau_{\mathrm{B}} = 3\eta V/(k_{\mathrm{B}}T)$ 为布朗磁化松弛时间, V 为粒子体积, 而 η 为流体粘性, $k_{\mathrm{B}}T$ 表示热能, $k_{\mathrm{B}} = 1.38 \times 10^{-23} \mathrm{J/K}$.

在外磁场存在的情形下, 负粘性 (negative-viscosity) 能有效地增加流率. 事实上, 负粘性的存在和热力学定律并不矛盾, $\eta_r < 0$ 仅仅意味着振荡磁场的部分磁能转换成流体动能: 高振荡磁场使粒子向上旋转从而加速铁磁流体流动. 自然而然, 在稳定的磁场中, η_r 总是正的. 也就是说, 静磁能不能用来维持铁磁流体的运动.

Shliomis 和 Morozov(1994) 首先提出了负粘性预测. Rosensweig(1996) 在 Science 上报道了含有铁磁颗粒的胶态分散体存在负粘性的新现象, 在某些条件下粘性会减小. 用负粘性观点, Rosensweig 回顾了以前磁流体研究的理论与实验现状.

之后, Bacri 等 (1995) 在交流螺线管绕管道的 Poiseuille 流动中测量到了负粘性的存在, 观察和研究了负粘性效应. 接着又出现了类似的实验, Zeuner 等 (1998) 在范围更大的磁场振幅和频率下对负粘性做了更深入的研究. 这两类实验均限于低速层流且满足条件 $\Omega\tau_B \ll 1$, 其中 Ω 为流体涡旋的方位角动量 $\boldsymbol{\Omega}$ 的模, $\boldsymbol{\Omega} = (\nabla \times \boldsymbol{V})/2$.

记 $\boldsymbol{m} \times \boldsymbol{H}$ 的无量纲形式为 mH, 随机转矩的无量纲形式为 k_BT, 无量纲形式下基载液的粘性为 $6\eta V\Omega$. 磁场 H 尽量和粒子的磁矩 m 相匹配, 以便抗拒随机转矩. 让我们介绍铁磁流体的磁性和粘性力矩的无量纲量级

$$\xi = mH/(k_BT), \quad 2\Omega\tau_B = 6\eta V\Omega/(k_BT). \tag{4.1.3}$$

$\nu = \eta/\rho$ 为流体运动粘性系数. 在低剪切率的极限情况下, $\Omega\tau_B \ll 1$, 仅仅热扰动沿着场的方向阻碍粒子的磁矩方向. 因此, 旋转粘度 $\eta_r(\xi)$ 是朗之万参数 ξ 的函数而不依赖于流体涡量 Ω. 换句话说, 在这一极限条件下, 铁磁流体表现为牛顿流体. 而且, 这种力学行为在实验中已经被观察到 (Mctague, 1969; Bacri et al., 1995; Rosensweig, 1996).

粒子的典型直径 $d \sim 10\mathrm{nm}$, 粘度 $\eta \sim 10^{-2}\mathrm{P}$[1], 布朗松弛时间非常短: τ_B 为 $10^{-7} \sim 10^{-8}\mathrm{s}$. 因此, 对于单个粒子牛顿力学行为产生的条件为 $\Omega\tau_B \ll 1$, 在实际中总会满足.

最近文献 (Linke and Odenbach, 2015) 讨论了钴铁磁流体的磁粘性效应 (MVE) 的各向异性. 他们的实验测量采用具有三个方向的狭缝粘度计, 一个方向为流体流动方向 (η_1), 一个为速度方向 (η_2), 还有一个粘性 (η_3). 铁磁流体中钴颗粒存在强的偶极子与偶极子相互作用, 其加权相互作用参数 $\lambda_w \approx 10.6$. 从而在流体内部钴颗粒形成一些延伸的微结构, 导致 MVE 比值增强, $\eta_2/\eta_1 > 3$ 且 $\eta_3/\eta_1 > 0.3$. 即使相对于流体有强剪切和弱外部磁场, 且满足 $\eta_2/\eta_1 \approx 1$ 和 $\eta_3/\eta_1 = 0$, 从而不包含球颗粒之间的相互作用, 增强的 MVE 比值仍然存在. 进一步, 对于弱磁场 ($< 10\mathrm{kA/m}$) 在剪切稀化行为中发现了非单调增长行为, 这个行为不能由单颗粒和线性颗粒链的形成和分解的磁化强度来解释, 而是表示出现了多相结构.

3. 铁磁流体的基本方程

这里我们采用不可压缩铁磁流体力学方程, 该方程包括 Shliomis 推导的铁磁流体运动方程 (Shliomis, 1972; Shliomis, 1974), Martsenyuk, Raikher 和 Shliomis(1974) 从 Fokker-Planck 方程推导的磁化方程, 以及麦克斯韦静磁场方程

$$\nabla \cdot \boldsymbol{v} = 0, \tag{4.1.4}$$

$$\rho\frac{\mathrm{d}\boldsymbol{v}}{\mathrm{d}t} = -\nabla p + \eta\nabla^2\boldsymbol{v} + (\boldsymbol{M} \cdot \nabla)\boldsymbol{H} + \frac{1}{2}\nabla \times (\boldsymbol{M} \times \boldsymbol{H}), \tag{4.1.5}$$

---

[1] $1\mathrm{P} = 10^{-1}\mathrm{Pa\cdot s}$.

$$\frac{\mathrm{d}\boldsymbol{M}}{\mathrm{d}t} = \boldsymbol{\Omega} \times \boldsymbol{M} - \frac{1}{\tau_\mathrm{B}}\left[\boldsymbol{M} - \frac{3L(\xi)}{\xi}\chi\boldsymbol{H}\right] - \frac{3\chi}{2\tau_\mathrm{B}M^2}\left[1 - \frac{3L(\xi)}{\xi}\right]\boldsymbol{M}\times(\boldsymbol{M}\times\boldsymbol{H}), \quad (4.1.6)$$

$$\nabla \cdot \boldsymbol{B} = 0, \quad \nabla \times \boldsymbol{H} = 0 \quad (\boldsymbol{B} = \boldsymbol{H} + 4\pi\boldsymbol{M}), \qquad\qquad (4.1.7)$$

其中, $L(\xi)$ 为朗之万函数 (参见 (2.4.9)), ρ 为铁磁流体的密度, p 为压力, η 为基载液体的粘性系数, χ 为初始磁化率. 方程中 $\mathrm{d}/\mathrm{d}t = \partial/\partial t + \boldsymbol{v}\cdot\nabla$ 为随体导数.

在非平衡态中 M 和 H 不相互依赖, 即使磁场 H 不存在, 但磁化强度仍可能存在. 然而, 在任何时候任何形式下都可以考虑 M 作为平衡态物理量. 特别是在磁场出现时, 非平衡磁化强度可以通过无量纲有效磁场 ξ 被一个平衡公式 (2.4.9) 表述出来:

$$\boldsymbol{M} = M_\mathrm{s}L(\xi)\frac{\boldsymbol{\xi}}{\xi}. \qquad\qquad (4.1.8)$$

有时式 (4.2.1) 也表示成 $M = M_\mathrm{s}L(\xi)$. 在柱面坐标系下, z 轴方向沿着管道方向, 一维流动为

$$V = \{0, 0, v(r,t)\}, \quad \boldsymbol{\Omega} = \{0, \Omega(r,t), 0\}, \quad \Omega(r,t) = \frac{1}{2}\partial v/\partial r,$$

由外加压力梯度 $\partial p/\partial z = -\Delta p/l$ 引起, 其中 δp 表示通过长度为 l 的管道之后的压力损失. 和 Felderhof(2001) 的结果比较可以看出, 我们并没有假设压力梯度为一个小量.

方程 (4.1.6) 中项 $\boldsymbol{\Omega} \times \boldsymbol{M}$ 提供了铁磁流体磁化的影响. 实际上, 磁化强度的轴向分量 M_z(后者直接由外部磁场 $H_z = H_0\cos(\Omega t)$ 形成) 中, 涡量 $\boldsymbol{\Omega}$ 的方位角分量的影响引起磁化强度 $M_r(r,t)$ 的离轴分量. 依赖于 r 的分量 M_r 很快成为必要因素, 由于麦克斯韦方程 $\nabla \cdot (\boldsymbol{H} + 4\pi\boldsymbol{M}) = 0$, 对抗磁场分量 $H_r = 4\pi M_r$ 的出现, Felderhof(2001) 实际上已经关注到 Odenbach 和 Thurm(2008) 以及 Shliomis 和 Morozov(1994) 所著文献中退磁场被忽略的问题, 而且很快他又忽略磁力密度的射向分量, $(\boldsymbol{M}\cdot\nabla)H_r = -2\pi(\partial M_r^2/\partial r)$, 进入流体运动方程. 在不可压缩铁磁流体中, 这部分力分量平衡于压力梯度的径向分量, $\partial p/\partial r = (\boldsymbol{M}\cdot\nabla)H_r$, 而不产生其他作用. 然而 Felderhof 考虑了可压缩流体, 这种情况下振荡的磁场力将激起流体速度 $v_r(r,t)$ 的射向变化声波. 虽然这个影响很弱甚至难于观察到, 但还是需要研究.

4.2　铁磁流体管道流的自旋

铁磁流体在外加磁场中运动时, 磁颗粒将沿着相应的剪切平面自由旋转, 流体被驱动绕粒子运动, 这样就产生了一个外加的流体动能的耗散项, 而此耗散项是由所谓的旋转粘度 (即磁粘度) 引起的. 外磁场作用下的铁磁流体管道流可近似看作椭圆型的 Poiseculle 流动 (Krekhova et al., 2005). 如果磁场方向为管道轴向方

向, 那么在同样压力梯度驱动下铁磁流体流动形式依然是椭圆型的, 而此时铁磁流体的流动速度被大大减小了, 这是因为磁场阻碍了磁颗粒的自旋运动, 铁磁流体的粘度增加了, 即产生了所谓的磁粘度, 且产生的磁粘度随着磁场强度的增加而增加 (Mctague, 1969; Shliomis, 1972; Shliomis, 1974). Shliomis 给出了磁场作用下的平面 Couette 流动中的磁粘度表达式

$$\eta_\tau = 3\eta\phi\xi L(\xi)/(2(2+\xi L(\xi))), \tag{4.2.1}$$

其中, $\nu = \dfrac{\eta}{\rho}$ 为流体粘度, ϕ 是磁流体中铁磁颗粒浓度 (Mctague, 1969). Martsenyuk 等用有效磁场法和 Fokker-Planck 动力学方程推导出了另一种形式的磁粘度表达式 (Martsenyuk et al., 1974)

$$\eta_\tau = 3\eta\phi\xi L^2(\xi)/(2(\xi - L(\xi))). \tag{4.2.2}$$

大量的实验结果验证了磁场作用下磁粘度对 $\Omega\tau_{\mathrm{B}}$ 的强烈依赖性以及在稳定的磁场中铁磁流体表现出的非牛顿流体性质 (Shliomis and Morozov, 1994; Bacri et al., 1995; Rosensweig, 1996; Zeuner et al., 1998; Shliomis et al., 1988).

最近, Shliomis 通过分析铁磁流体管道流控制方程, 发现在磁场作用下铁磁流体管道流具有自旋效应, 即产生磁粘度 (参见 Mark Shliomis 在日本同志社大学的学术报告*Self-rotation in ferrofluid pipe flow*). 下面将根据 Shliomis 关于在磁场作用下铁磁流体管道流具有自旋效应特性的研究, 针对一类特殊的铁磁流体管道流的控制方程进行无量纲化, 分别对磁化方程和运动方程进行简化, 给出磁场各个分量表达式, 讨论在磁场作用下该类特殊流的自旋效应, 并通过数值计算讨论磁粘度的性质. 最后, 应用简化后的控制方程给出了一维和二维 Poisuille 流动出现自旋现象时, 压力达到最大值及最小值的点.

4.2.1 不可压缩铁磁流体控制方程及其简化

根据铁磁流体磁性控制方程 (4.1.6) 和方程 (4.2.2) 得到 Shliomis 的磁性松弛方程

$$\frac{\mathrm{d}\boldsymbol{M}}{\mathrm{d}t} = \boldsymbol{\Omega} \times \boldsymbol{M} - \frac{1}{\tau_{\mathrm{B}}}(\boldsymbol{M} - \boldsymbol{M}_0) - \frac{1}{6\eta_r\varPhi}\boldsymbol{M} \times (\boldsymbol{M} \times \boldsymbol{H}), \tag{4.2.3}$$

其中, η_r 表示磁流体磁粘度, τ_{B} 表示布朗磁化松弛时间, $\varPhi$ 表示磁流体中磁颗粒的体积分数.

为了简化铁磁流体控制方程, 引入朗之万函数 $L(\xi)$ 相关的无量纲参数:

$$\varsigma = \frac{mH}{k_{\mathrm{B}}T}, \quad \xi = \frac{mH_0}{k_{\mathrm{B}}T}, \quad \gamma = \frac{\rho R^2}{\eta\tau_{\mathrm{B}}}, \quad E = \frac{M^2\tau}{18\eta\chi}, \tag{4.2.4}$$

其中, m 为磁颗粒磁矩, τ_B 为松弛时间, κ_B 为 Boltzmann 常量, R 为管道最大内径. 在非平衡到平衡过程中, 随着有效磁场 H_0 (或 ξ) 逼近真实磁场 H (或 ς), 磁化强度 M 松弛到平衡值 M_{eq}.

对非牛顿粘性进行计算, 很容易将磁场 H 和 H_0 的控制方程 (4.1.5), 方程 (4.1.7) 和方程 (4.2.3) 转化为无量纲值 ξ 和 ς 的控制方程:

$$\gamma\left(\frac{\partial \boldsymbol{v}}{\partial t}\right) + (\boldsymbol{v} \cdot \nabla)\boldsymbol{v} = -\nabla p + \nabla^2 \boldsymbol{v} + 3E[2(\boldsymbol{\varsigma} \cdot \nabla)\boldsymbol{\xi} + \nabla \times (\boldsymbol{\varsigma} \times \boldsymbol{\xi})], \qquad (4.2.5)$$

$$\frac{\partial(\boldsymbol{\varsigma})}{\partial t} + (\boldsymbol{v} \cdot \nabla)\boldsymbol{\varsigma} = \boldsymbol{\Omega} \times \boldsymbol{\varsigma} - \frac{1}{\tau_B}(\boldsymbol{\varsigma} - \boldsymbol{\xi}) - \frac{L(\zeta)}{2\tau_B \varsigma}\boldsymbol{\varsigma} \times (\boldsymbol{\varsigma} \times \boldsymbol{\xi}), \qquad (4.2.6)$$

$$\nabla \times \boldsymbol{\xi} = 0, \quad \nabla \cdot (\boldsymbol{\xi} + 4\pi\chi\boldsymbol{\varsigma}) = 0. \qquad (4.2.7)$$

下面对无量纲形式的控制方程 (4.2.5)∼ 方程 (4.2.7) 进行简化, 导出磁场各分量以及磁粘度关于流速的表达式.

4.2.2 非平衡磁场的表达形式

为了利用平衡磁场表示出非平衡磁场的表达形式, 假设在真空条件下近似满足 $M /\!/ H$, 此时可以假设 $L(\zeta)$ 取值很小 (也可以认为 $L(\zeta)$ 任意独立取值), 从而可以先考虑磁化方程 (4.2.3), 有

$$\frac{\partial \boldsymbol{\varsigma}}{\partial t} + (\boldsymbol{v} \cdot \nabla)\boldsymbol{\varsigma} = \boldsymbol{\Omega} \times \boldsymbol{\varsigma} - \frac{1}{\tau_B}(\boldsymbol{\varsigma} - \boldsymbol{\xi}). \qquad (4.2.8)$$

取流体速度 $\boldsymbol{v} = (0, u, w)$, 有效磁场 $\boldsymbol{\varsigma} = (\varsigma_r, \varsigma_\phi, \varsigma_z)$, 流体涡量 $\boldsymbol{\Omega} = (0, \Omega, \omega)$, 又因为

$$\omega - \frac{u}{r} = \frac{r}{2}\left(\frac{u}{r}\right)',$$

则在柱坐标系下有

$$\boldsymbol{\Omega} = \left(0, -\frac{1}{2}\frac{\partial w}{\partial r}, \frac{1}{2}\left(\frac{u}{r} + \frac{\partial u}{\partial r}\right)\right), \qquad (4.2.9)$$

$$(\boldsymbol{v} \cdot \nabla)\boldsymbol{\varsigma} = \left(-\frac{u\varsigma_\phi}{r}, -\frac{u\varsigma_r}{r}, 0\right), \qquad (4.2.10)$$

$$\boldsymbol{\Omega} \times \boldsymbol{\varsigma} = \left(\frac{\Omega}{r}\varsigma_z - \omega\varsigma_\phi, \omega\varsigma_r, -\frac{\Omega}{r}\varsigma_r\right), \qquad (4.2.11)$$

将表达式 (4.2.10) 和式 (4.2.11) 代入磁化方程 (4.2.8) 可得磁化方程分量形式为

$$\frac{\partial \varsigma_r}{\partial t} - \frac{u}{r}\varsigma_\phi = \frac{\Omega}{r}\varsigma_z - \omega\varsigma_\phi - \frac{1}{\tau_B}(\varsigma_r - \xi_r), \qquad (4.2.12)$$

$$\frac{\partial \varsigma_\phi}{\partial t} + \frac{u}{r}\varsigma_r = \omega\varsigma_r - \frac{1}{\tau_B}\varsigma_\phi, \qquad (4.2.13)$$

$$\frac{\partial \varsigma_z}{\partial t} = -\frac{\omega}{r}\varsigma_r - \frac{1}{\tau_B}(\varsigma_z - \xi_0), \tag{4.2.14}$$

显然麦克斯韦方程 $\nabla \cdot (\boldsymbol{\xi} + 4\pi\chi\boldsymbol{\varsigma}) = 0$ 有特解

$$\xi_r = -4\pi\chi\varsigma_r, \tag{4.2.15}$$

由旋转坐标系下的 Debey-like 磁场强度方程 (Gerth-Noritzsch et al., 2011)

$$\frac{\mathrm{d}'\boldsymbol{M}}{\mathrm{d}t} = -\frac{\boldsymbol{M} - \boldsymbol{M}_0}{\tau},$$

有

$$\frac{\partial \boldsymbol{\varsigma}}{\partial t} = -\frac{\boldsymbol{\varsigma} - \boldsymbol{\xi}}{\tau}, \tag{4.2.16}$$

将式 (4.2.15) 和式 (4.2.16) 代入磁化方程分量形式 (4.2.12)~(4.2.14) 有

$$-\frac{\varsigma_r - \xi_r}{\tau} = \frac{\Omega}{r}\varsigma_z - \upsilon\varsigma_\phi - \frac{1}{\tau_B}(\varsigma_r - \xi_r), \tag{4.2.17}$$

$$-\frac{\varsigma_\phi}{\tau} = \upsilon\varsigma_r - -\frac{1}{\tau_B}\varsigma_\phi, \tag{4.2.18}$$

$$-\frac{\varsigma_z - \xi_0}{\tau} = -\frac{\Omega}{r}\varsigma_r - \frac{1}{\tau_B}(\varsigma_z - \xi_0), \tag{4.2.19}$$

记参数 $\mu = 1 + 4\pi\chi$ 为磁流体介质的磁导率. 为了明确表述出非平衡磁场的表达形式, 取磁化松弛时间为布朗磁化松弛时间的一半, 即 $\tau = \tau_B/2$. 这时磁化方程各分量形式变为

$$-\mu\varsigma_r = \frac{\Omega}{r}\tau_B\varsigma_z - \tau_B\upsilon\varsigma_\varphi, \tag{4.2.20}$$

$$-\varsigma_\varphi = \tau_B w\varsigma_r - \tau_B\frac{u}{r}\varsigma_r = \tau_B\upsilon\varsigma_r, \tag{4.2.21}$$

$$-(\varsigma_z - \xi_0) = -\tau_B\frac{\Omega}{r}\varsigma_r, \tag{4.2.22}$$

由式 (4.2.20)~ 式 (4.2.22) 可得磁场各分量表达式为

$$\varsigma_r = \frac{\Omega\tau_B\xi_0}{\mu + (\Omega\tau_B)^2 + (\upsilon\tau_B)^2}, \tag{4.2.23}$$

$$\varsigma_\varphi = \frac{\Omega\upsilon\tau_B^2\xi_0}{\mu + (\Omega\tau_B)^2 + (\upsilon\tau_B)^2}, \tag{4.2.24}$$

$$\varsigma_z = \frac{(\mu + (\upsilon\tau_B)^2)\xi_0}{\mu + (\Omega\tau_B)^2 + (\upsilon\tau_B)^2}. \tag{4.2.25}$$

由磁场分量表达式 (4.2.23)~(4.2.25) 可知, 在真空条件下铁磁流体非平衡磁场与平衡磁场呈线性关系, 并受流体运动的影响.

4.2.3　铁磁流体管道流各方向分量的控制方程

假设宏观运动时间尺度远大于布朗磁化松弛时间, 也就是说仅考虑运动粘性对非平衡磁场强度的作用, 则运动方程 (4.1.5) 化为

$$0 = -\nabla p + \nabla^2 \boldsymbol{v} + 3E[2(\boldsymbol{\varsigma} \cdot \nabla)\boldsymbol{\xi} + \nabla \times (\boldsymbol{\varsigma} \times \boldsymbol{\xi})]. \tag{4.2.26}$$

将磁场各分量表达式 (4.2.9)~(4.2.11) 代入上述运动方程式, 可知 r 方向分量运动方程恒等于 0, 方位角分量运动方程和 z 方向分量运动方程分别为

$$2\frac{\partial w}{\partial r} + 2E\frac{\varsigma_\varphi \xi_r}{r} + E\frac{\partial}{\partial r}(\varsigma_\varphi \xi_r) = 0, \tag{4.2.27}$$

$$\frac{\tau R}{\eta}\left(\frac{\Delta P}{l}\right) - 2\frac{\Omega}{r} - 2\frac{\partial \Omega}{\partial r} + E\left(\frac{\partial}{\partial r}(\varsigma_z \xi_r - \varsigma_r \xi_0) + \frac{1}{r}(\varsigma_z \xi_r - \varsigma_r \xi_0)\right) = 0. \tag{4.2.28}$$

由式 (4.2.4) 可记

$$E = \frac{\chi H^2 \tau}{18\eta} = 2h^2. \tag{4.2.29}$$

将式 (4.2.29) 和式 (4.2.25) 代入方位角分量运动方程 (4.2.27) 和 z 方向分量运动方程 (4.2.28) 有

$$2\frac{\partial w}{\partial r} - 4h^2\frac{\varsigma_\varphi \varsigma_r}{r} - 2h^2\frac{\partial}{\partial r}(\varsigma_\varphi \varsigma_r) = 0, \tag{4.2.30}$$

$$\frac{\tau R}{\eta}\left(\frac{\Delta P}{l}\right) - 2\frac{\Omega}{r} - 2\frac{\partial \Omega}{\partial r} - 2h^2\frac{\partial}{\partial r}(\varsigma_z \varsigma_r) - \frac{2h^2}{r}\varsigma_z \varsigma_r - E\frac{\partial}{\partial r}(\varsigma_z \xi_0) - \frac{E}{r}(\varsigma_z \xi_0) = 0. \tag{4.2.31}$$

下面分别对以上两个分量方程进行化简.

首先对方位角分量运动方程 (4.2.30) 进行化简, 对方程两端除以 2, 乘以 r^2 有

$$r^2\frac{\partial w}{\partial r} - 2h^2 r\varsigma_\varphi \varsigma_r - h^2 r^2\frac{\partial}{\partial r}(\varsigma_\varphi \varsigma_r) = 0, \tag{4.2.32}$$

取新的变量

$$w = \frac{1}{2r}\frac{\mathrm{d}(ru)}{\mathrm{d}r}, \quad v = w - \frac{1}{r}, \tag{4.2.33}$$

则方程 (4.2.32) 左边可化为某函数关于变量 r 求导的形式, 即

$$\frac{\mathrm{d}}{\mathrm{d}r}(r^2 w - ru) - \frac{\mathrm{d}}{\mathrm{d}r}(h^2 r^2 \varsigma_\varphi \varsigma_r) = \frac{\mathrm{d}}{\mathrm{d}r}(r^2 v - h^2 r^2 \varsigma_\varphi \varsigma_r) = 0. \tag{4.2.34}$$

将磁场分量表达式 (4.2.23)~(4.2.25) 代入式 (4.2.34) 有

$$\frac{\mathrm{d}}{\mathrm{d}r}\left[r^2 v\left(1 - \frac{h^2(\Omega\tau_\mathrm{B})^2\xi_0^2}{(\mu + (\Omega\tau_\mathrm{B})^2 + (\upsilon\tau_\mathrm{B})^2)^2}\right)\right] = 0. \tag{4.2.35}$$

则式 (4.2.35) 即控制方程中方位角分量运动方程的简化形式.

同理, 对 z 方向分量运动方程 (4.2.31) 进行化简. 方程两边同时乘以 $r/2$, 有

$$-r\frac{\tau R}{2R}\left(\frac{\Delta P}{l}\right) = \Omega - r\frac{\partial\Omega}{\partial r} - h^2 r\frac{\partial}{\partial r}(\varsigma_z\varsigma_r) - h^2\varsigma_z\varsigma_r - \frac{Er}{2}\frac{\partial}{\partial r}(\varsigma_r\xi_0). \qquad (4.2.36)$$

可看出方程 (4.2.36) 右边也可化为某函数关于变量 r 求导的形式

$$2Pr = (\Omega r)' + (h^2 r\varsigma_z\varsigma_r)' + \left(\frac{1}{2}Er\varsigma_r\xi_0\right)'. \qquad (4.2.37)$$

即

$$\frac{\mathrm{d}}{\mathrm{d}r}\left(r\Omega + h^2 r\frac{\xi_0^2\Omega(\mu+v^2)}{(\mu+\Omega^2+v^2)^2}\right) + \frac{1}{2}Er\frac{\Omega\xi_0^2}{(\mu+\Omega^2+v^2)} = 2Pr. \qquad (4.2.38)$$

由式 (4.2.29) 有

$$\frac{E}{2}\xi_0^2 = \frac{h^2}{\mu-1}. \qquad (4.2.39)$$

将式 (4.2.39) 代入式 (4.2.37), z 方向分量运动方程可化为

$$\frac{\mathrm{d}}{\mathrm{d}r}\left(r\Omega\left(1 + h^2\frac{\xi_0^2\tau_\mathrm{B}(\mu+(v\tau_\mathrm{B})^2)}{\mu+(\Omega\tau_\mathrm{B})^2+(v\tau_\mathrm{B})^2}\right)^2 + \frac{h^2}{(\mu-1)(\mu+(\Omega\tau_\mathrm{B})^2+(v\tau_\mathrm{B})^2)}\right) = 2Pr. \qquad (4.2.40)$$

式 (4.2.40) 即 z 方向分量运动方程的简化形式.

微分方程 (4.2.35) 和方程 (4.2.40) 可以分别表示为 r 与 z 方向分量的控制方程微分形式. 为了获得可以求解析解的代数方程组, 取无量纲参数 $\xi_0^2 = 1$, 则有

$$v\left(1 - \frac{h^2(\Omega\tau_\mathrm{B})^2}{(\mu+(\Omega\tau_\mathrm{B})^2+(v\tau_\mathrm{B})^2)^2}\right) = \frac{T}{r^2}, \qquad (4.2.41)$$

$$\Omega\left(1 + \frac{h^2(\mu^2+(\Omega\tau_\mathrm{B})^2+\mu(v\tau_\mathrm{B})^2)}{(\mu-1)(\mu+\Omega\tau_\mathrm{B})^2+(v\tau_\mathrm{B})^2)^2}\right) = Pr + \frac{F}{r}, \qquad (4.2.42)$$

其中, T、F 为积分常数. 到此, 我们将磁场作用下的铁磁流体管道流的运动方程化成了简单的代数方程组, 这一简化形式将为铁磁流体管道流研究及其数值模拟提供一定的参考依据.

4.2.4 磁粘度表达式

对于简单的一维剪切驱动流, 取速度 $\boldsymbol{v} = (0,0,w)$, $\boldsymbol{\Omega} = (0,\Omega,0)$, 令 $P = 0$, 即压力驱动为零. 考虑到 $r = 0$ 处的奇点问题, 令积分常数 $T = F = 0$, 由 r 与 z 方向分量的控制方程 (4.2.41) 和 (4.2.42) 有

$$\eta_r = \frac{1}{4}\chi\tau_\mathrm{B}H^2\frac{\mu^2+\Omega^2\tau_\mathrm{B}^2}{(\mu+\Omega^2\tau_\mathrm{B}^2)^2}, \qquad (4.2.43)$$

上式为磁粘度关于旋转速率 $\Omega\tau_B$ 和磁场 H 的表达式.

下面根据式 (4.2.43) 通过数值计算讨论取不同旋转速率情况下磁粘度随着磁场的变化, 以及在不同的磁粘度值情况下磁场和旋转速率的相互依赖关系. 布朗弛豫时间取 $\tau_B \sim 10^{-7}$s(或者取 10^{-8}s), 参数取值 $\mu = 9, \chi = 0.06366$, 磁粘度随磁场的变化如图 4.1 所示.

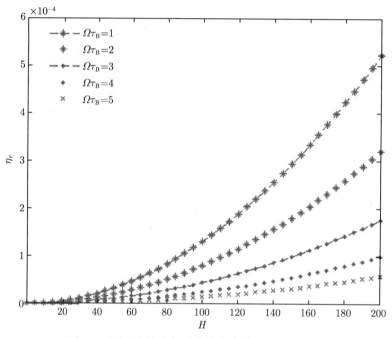

图 4.1   不同旋转速率下磁粘度随着磁场的变化图

从表达式 (4.2.43) 可知, 磁粘度随磁场的变化是一条抛物曲线. 从图 4.1 中可以看出, 旋转速率 $\Omega\tau_B$ 由 1 依次增加到 5 时, 磁粘度渐进增大, 图像由不太陡峭渐渐变得非常陡峭. 也就是说, 磁粘度随着磁场强度的增大而增大, 而且强烈程度依赖于流体涡量, 同时说明在铁磁流体管道流动中存在自旋效应. 这一结论和前人通过实验发现的磁粘度性质一致.

4.3   结果与讨论

对铁磁流体的粘度而言, 颗粒浓度是从牛顿流体到非牛顿流体的控制铁磁流体相分离的一个重要参数, 反之亦然. 结果显示, 即使在一个小的外磁场作用下, 粘度的变化也会明显. 在增加剪切速率方面粘度显得至关重要, 因为增加剪切速率能降低粘度值, 从而将流变伺服装置的应用范围拓广.

　　此外, 在实际应用中受到高剪切速率和强磁场的作用, 例如, 在生物医学领域, 外加磁场起至关重要的作用, 磁粘效应代表粘度增强. 一些研究表明, 磁场的存在对热磁对流产生显著效果, 在铁磁流体系统中强磁场可以让热输运过程增强. 在数值模拟研究中, 研究人员开发出各种模型, 从而极大地促进了实际应用的发展. 大量已有计算和仿真研究对更清晰而深入地了解铁磁流体力学非常有帮助. 然而, 为了弥合现有的模型和实际应用之间的差距, 研究人员越来越多地关注到实验研究. 此外, 在冷温度和临界温度下磁流体性质变化的研究也是必要和至关重要的.

　　致谢　　本项研究参考了 Mark Shliomis 在日本同志社大学的学术报告 *Self-rotation in ferrofluid pipe flow.* 研究过程中同志社大学 Hiroshi Yamaguchi 教授和汕头大学牛小东教授提出了宝贵建议. 在此特别表示感谢!

参 考 文 献

Acheson D J. 1990. Elementary Fluid Dynamics. Oxford: Oxford University Press.

Afifahn A N , Syahrullail S, Sidik N A C. 2016. Magnetoviscous effect and thermomagnetic convection of magnetic fluid: a review. Renewable and Sustainable Energy Reviews, 55: 1030-1040.

Bacri J C, Perzynski R, Shliomis M I, et al. 1995. "Negative-viscosity" effect in a magnetic fluid. Physical Review Letters, 75(11): 2128-2131.

Blums E, Mezulis A, Maiorov M, et al. 1997. Thermal diffusion of magnetic nanoparticles in ferrocolloids: experiments on particle separation in vertical columns. Journal of Magnetism and Magnetic Materials, 169: 220-228.

Chen H J , Wang Y M, Qu J M, et al. 2011. Preparation and characterization of silicon oil based ferrofluid. Applied Surface Science, 257(24): 10802-10807.

Felderhof B U. 2000. Magnetoviscosity and relaxation in ferrofluids. Physical Review E, 62(3 Pt B): 3848-3854.

Felderhof B U. 2001. Flow of a ferrofluid down a tube in an oscillating magnetic field. Physical Review E, 64(2 Pt 1): 021508.

Gazeau F, Baravian C, Bacri J C, et al. 1997. Energy conversion in ferrofluids: magnetic nanoparticles as motors orgenerators. Physical Review E, 56(56):614-618.

Gerth-Noritzsch M, Yu B D, Odenbach S. 2011. Anisotropy of the magnetoviscous effect in ferrofluid containing nanoparticles exhibiting dipole interaction. Journal of Physics Condensed Matter, 23(34): 7615-7619.

Huang W, Wang X. 2012. Study on the properties and stability of ionic liquid-based ferrofluids. Colloid & Polymer Science, 290(16): 1695-1702.

Kamiyama S. 1992. Pipe flow problems of magnetic fluids. JSME International Journal, 35(2): 131-137.

Kamiyama S, Satoh A. 1989. Rheological properties of magnetic fluids with the formation of clusters: analysis of simple shear flow in a strong magnetic field. Journal of Colloid and Interface Science, 173(1): 173-188.

Kamiyama S, Satoh A. 1990. Pipe-flow problems and aggregation phenomena of magnetic fluids. Journal of Magnetism & Magnetic Materials, 85(1-3): 121-124.

Krekhova A P, Shliomis M I, Kamiyama S. 2005. Ferrofluid pipe flow in an oscillating magnetic field. Physics of Fluids, 17(3): 033105.

Linke J M, Odenbach S. 2015. Anisotropy of the magnetoviscous effect in a cobalt ferrofluid with strong interparticle interaction. Journal of Magnetism and Magnetic Materials, 396: 85-90.

Martsenyuk M A, Raikher Y L, Shliomis M I. 1974. On the kinetics of magnetization of ferromagnetic particle suspension. Soviet Physics JETP, 38: 413-416.

Mctague J P. 1969. Magnetoviscosity of magnetic colloids. Journal of Chemical Physics, 51(1): 133-136.

Odenbach S, Thurm S. 2008. Magnetoviscous effects in ferrofluids. Lecture Notes in Physics, 594: 185-201.

Raikher Y L, Shliomis M I. 1994. The effective field method in the orientational kinetics of magnetic fluids and liquid crystals//Coffey W. Relaxation Phenomena in Condensed Matter. Chem. Phys. Series, 87: 595-752.

Rosensweig R E. 1985. Ferrohydrodynamics. Cambridge: Cambridge University Press.

Rosensweig R E. 1996. "Negative viscosity" in a magnetic fluid. Science, 271(5249): 614, 615.

Schumacher K R, Sellien I, Knoke G S, et al. 2003. Experiment and simulation of laminar and turbulent ferrofluid pipe flow in an oscillating magnetic field. Physical Review E, 67(2): 241-251.

Shliomis M I. 1972. Effective viscosity of magnetic suspensions. Journal of Experimental & Theoretical Physics, 34(34): 1291-1294.

Shliomis M I. 1974. Magnetic fluids. Soviet Physics Uspekhi, 17(17): 153-169.

Shliomis M I. 2001. Comment on "Magnetoviscosity and relaxation in ferrofluids". Physical Review E, 64(6 Pt 1): 063501.

Shliomis M I. 2001. Ferrohydrodynamics: testing a third magnetization equation. Physical Review E, 64(6 Pt 1): 1967-2137.

Shliomis M I. 2002. Ferrohydrodynamics: Retrospective and issues in Ferrofluids. Lecture Notes in Physics, 594: 85-111.

Shliomis M I, Morozov K I. 1994. Negative viscosity of ferrofluids under an alternating magnetic field. Physics of Fluids, 6(8): 2855-2861.

Shliomis M I, Lyubimova T P, Lyubimov D V. 1988. Ferrohydrodynamics: an essay on the progress of ideas. Chemical Engineering Communications, 67(1): 275-290.

Yamaguchi H. 2008. Engineering Fluid Mechanics. New York: Springer.

Zeuner A, Richter R, Rehberg I. 1998. Experiments on negative and positive magnetoviscosity in an alternating magnetic field. Physical Review E, 58(5): 6287-6293.

第 5 章　铁磁流体颗粒在载液中的运动理论

5.1　铁磁颗粒之间的范德瓦耳斯势能

由于范德瓦耳斯相互作用力将引起铁磁颗粒不可逆相互凝固, 所以纯粹的磁性颗粒和载体溶液混合构成的铁磁流体悬浮液是不稳定的. 铁磁流体是品质很好的磁性颗粒制成的悬浮液, 典型尺度阶为 Å(1nm = 10Å). 对于这样大小的颗粒, 布朗运动足以克服重力场引起的沉淀. 通过范德瓦耳斯引力和第二类吸引相互作用力 (静磁颗粒之间相互作用力) 来阻止颗粒的凝聚, 颗粒一般涂有长链极性有极分子. 直径为 d 而距离为 l 的两球形铁磁颗粒之间的相互作用可以表示成如下形式 (Rosensweig, 1985):

$$E_{V,d,W} = \frac{A}{6} \left\{ \frac{2}{l^2 + 4l} + \frac{2}{(l+2)^2} + \ln\left(\frac{l^2 + 4l}{(l+2)^2} \right) \right\}, \tag{5.1.1}$$

式中, A 称为哈马克 (Hamaker) 常数, $l = 2\delta/d$ 是两微粒间的表面相对距离. 这一结论首先由哈马克得到, 用来计算偶极子脉动能量.

对处在碳氢化合物基载液体中的 Fe、Fe_2O_3、Fe_3O_4 而言, Odenbach (2002) 给出 A 的数值为 $A = (1 \sim 3) \times 10^{-9} N \cdot m$. 式 (5.1.1) 可以表示为

$$E_{V,d,W} = \frac{A}{6} \left\{ \frac{2}{(l+2)^2} \left[1 - \frac{4}{(l+2)^2} \right]^{-1} + \frac{2}{(l+2)^2} + \ln\left[1 - \frac{4}{(l+2)^2} \right] \right\}. \tag{5.1.2}$$

显然, 偶极子脉动能量和铁磁颗粒间距密切相关:

(1) 当 $l = 2\delta/d \gg 1$ 时, 铁磁颗粒间距较远, 上式可近似展开得到铁磁颗粒的吸引势能为

$$\begin{aligned} E_{V,d,W} &= \frac{A}{6} \left\{ \frac{2}{(l+2)^2} \left[1 + \frac{4}{(l+2)^2} \right] + \frac{2}{(l+2)^2} \right. \\ &\quad \left. - \left[\frac{4}{(l+2)^2} + \frac{1}{2} \frac{4^2}{(l+2)^4} + \frac{1}{3} \frac{4^3}{(l+2)^6} \right] + \cdots \right\} \\ &= \frac{A}{6} \left[-\frac{1}{3} \frac{4^3}{(l+2)^6} + \cdots \right] \approx -3.56 A l^{-6}, \end{aligned} \tag{5.1.3}$$

该式取负值, 表明铁磁颗粒间距较远时两微粒之间呈现出吸引作用. 这一结果首先由 London 获得.

(2) 当 $l = 2\delta/d \ll 1$ 时, 铁磁颗粒间距较近, 由式 (5.1.2) 中直接略去相对小量之后即得

$$E_{V,d,W} = \frac{A}{6}\left(\frac{1}{2l} + \frac{1}{2} + \ln l\right). \tag{5.1.4}$$

易知 $\frac{1}{2l} \gg \frac{1}{2}$ 且 $\frac{1}{2l} \gg \ln l$, 再由上式可近似得到两铁磁颗粒之间的吸引势能为

$$E_{V,d,W} \approx \frac{1}{12}Al^{-1}, \tag{5.1.5}$$

该式取正值, 表明铁磁颗粒间距较近时两微粒之间呈现出排斥作用.

正如 Papell (1965) 第一个发现的铁磁颗粒特征, 悬浮液的稳定依赖于表面活性剂的长链分子提供的空间排斥能 (Rosensweig, 1985)(图 5.1). 表面活性剂提供了一个令人不爽的能量, 可表述为球形颗粒的形式

$$E_{\text{steric}} = \frac{k_{\text{B}}T\pi d^2\zeta}{2}\left[2 - \frac{l+2}{t}\ln\left(\frac{1+t}{1+l/2}\right) - \frac{l}{t}\right], \tag{5.1.6}$$

式中, ζ 表示表面活性剂分子的表面密度, 定义归一化的表面活性剂的厚度 $t = 2s/d$, 其中 s 是表面活性剂的厚度, d 是粒径.

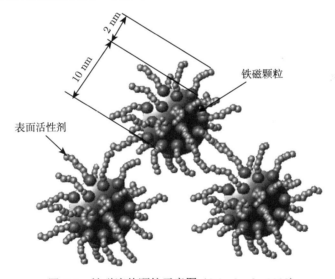

图 5.1 铁磁流体颗粒示意图 (Odenbach, 2002)

为了清晰和绘图需要, 图中颗粒和表面活性剂没有按照比例绘图

若表面活性剂分子之间距离较小, 则它们各自的空间位置被阻碍, 导致沿着它们的方向出现排斥区域. 相邻分子间的相互作用导致空间排斥.

当颗粒之间的距离小于表面层厚度的两倍时, 相互排斥作用的根源在于表面活性剂分子出现结构的可能性减少. 如图 5.2 所示, 一旦颗粒表面距离小于 $2s$, 分子

定向的排斥区域就会出现. 表面活性剂的表面密度足够大且表面活性剂层的厚度充分厚时, 排斥力会变得很大, 可以足够抵抗磁性颗粒之间接触.

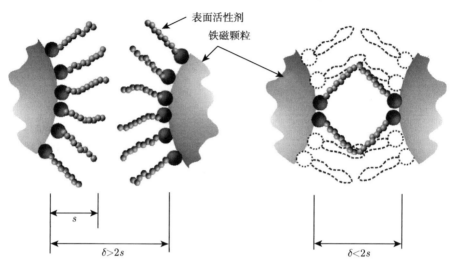

图 5.2   由表面活性剂分子引起的配置空间减少形成位阻斥力 (Odenbach, 2002)

只要粒子之间的表面距离大于表面活性剂层厚度的两倍就不存在排斥作用

在图 5.3 中以实际的表面活性剂层厚度为 2nm 作为变量函数, 不同的相互作用能和粒子间产生的势能被描绘出来. 磁性颗粒的直径取为 $d = 10$nm, 表面活性剂的表面密度为 $\zeta = 1$nm^{-2}, 从而势能计算被考虑. 显然表面活性剂厚度 2nm 为磁

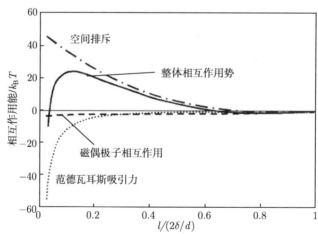

图 5.3   两个磁性颗粒之间的吸引和排斥势能 (Odenbach, 2002)

取粒径 10nm 计算, 磁铁矿作为材料, 表面活性剂厚度 2nm, 而表面密度 1nm^{-2} (此单位说明在

Odenbach 所著文献中给出). 这种情况下颗粒接触出现的排斥能为 $20k_BT$

性颗粒之间提供了一个能量势垒 $20k_BT$, 足够抵抗颗粒之间的接触, 从而颗粒之间凝固仅仅因为范德瓦耳斯力相互作用. 如果表面活性剂材料这样选取, 那么它的介电性质就会和载液 ($A=0$) 形成竞争, 不是范德瓦耳斯力相互作用而是表面活性剂分子出现, 从而获得了一种磁性颗粒稳定的胶态悬浮液.

5.2 铁磁流体颗粒大小分布参数的测量

5.2.1 铁磁流体颗粒的中值直径和标准偏差

室温下铁磁流体的磁化强度曲线一般表现出超顺磁性 (有零矫顽力和剩磁). 如果铁磁颗粒大小均匀, 磁性行为可以通过朗之万函数来描述

$$L(b) = \coth b - \frac{1}{b}, \tag{5.2.1}$$

其中, $b = mH/(k_BT)$, $m(= I_s'V)$ 表示颗粒磁矩, V 为颗粒体积, I_s' 为大容积材料的饱和磁化强度. 记 $I_s = \epsilon I_s'$, 铁磁流体的饱和磁化强度等于 $\epsilon I_s'$, 其中 ϵ 表示粒子的体积填充分数.

无论如何, 铁磁流体总是包含一个颗粒大小的分布函数. 这是一个体积率的特征分布函数 $f(y)$, 其中缩小直径 $y = D/D_V$ (D 为颗粒直径, 而 D_V 是分布的中值直径). $f(y)\mathrm{d}y$ 定义为 y 和 $y + \mathrm{d}y$ 之间的缩小直径内总磁体积分数.

在铁磁颗粒大小分布函数出现后, 铁磁流体的磁测性质的检测方法得以改进. 铁磁流体的磁化强度由各种直径颗粒的贡献之和来给出, 权重依赖于分布函数 (Chantrell et al., 1978). 因此

$$I = I_s \int_0^\infty L f(y)\mathrm{d}y. \tag{5.2.2}$$

限制在一个小区域内, 朗之万函数可以写成

$$L = I_s'VH/k_BT,$$

因此函数方程 (5.2.2) 成为

$$I = \frac{I_sHI_s'}{3k_BT} \int_0^\infty V f(y)\mathrm{d}y.$$

因为

$$D = D_V y, \quad V = \pi D_V^3/6$$

以及

$$I = \frac{\epsilon I_s'^2 H \pi D_V^3}{18k_BT} \int_0^\infty y^3 f(y)\mathrm{d}y.$$

系统的初始磁化系数由下式给出:

$$\chi_i = \left(\frac{\mathrm{d}I}{\mathrm{d}H}\right)_{H\to0} = \frac{\epsilon I_s'^2 \pi D_V^3}{18 k_{\mathrm{B}} T} \int_0^\infty y^3 f(y)\mathrm{d}y. \tag{5.2.3}$$

对于大的 H, 朗之万函数可以写成

$$L = 1 - \frac{1}{b} = 1 - \frac{6 k_{\mathrm{B}} T}{I_s' H \pi D_V^3 y^3}. \tag{5.2.4}$$

将方程 (5.2.4) 中的 L 代入方程 (5.2.2), 就有

$$I = I_{\mathrm{s}} \int_0^\infty \left(1 - \frac{6 k_{\mathrm{B}} T}{I_s' H \pi D_V^3 y^3}\right) f(y)\mathrm{d}y$$
$$= I_{\mathrm{s}} \left[1 - \frac{6 k_{\mathrm{B}} T}{I_s' H \pi D_V^3} \int_0^\infty y^{-3} f(y)\mathrm{d}y\right]. \tag{5.2.5}$$

方程 (5.2.5) 推出如下事实: 分布函数必须遵循归一化条件

$$\int_0^\infty f(y)\mathrm{d}y = 1.$$

从方程 (5.2.5) 可知, 对大的 H, I 和 $1/H$ 之间的关系曲线为直线, 由下式知直线和 $I = 0$ 轴相交于点 $1/H_0$:

$$I = \frac{6 k_{\mathrm{B}} T}{I_s' H \pi D_V^3} \cdot \frac{1}{H_0} \int_0^\infty y^{-3} f(y)\mathrm{d}y. \tag{5.2.6}$$

如果分布函数的形式给出, 则可以估计方程 (5.2.3) 和方程 (5.2.6) 的积分. 有证据表明 (Kaiser and Miskolczy, 1970), 对数正态分布函数

$$f(y) = \frac{1}{y\sigma\sqrt{2\pi}}\exp(-(\ln(y))^2/(2\sigma^2)).$$

发生在细粒子系统 (σ 为标准偏差). 利用对数正态分布函数, 方程 (5.2.3) 和方程 (5.2.6) 的积分能写出

$$\int_0^\infty y^n f(y)\mathrm{d}y = \int_0^\infty y^n \frac{\exp(-(\ln(y))^2/(2\sigma^2))}{y\sigma\sqrt{2\pi}}\mathrm{d}y.$$

其中, $n = 3$ 或者 -3.

　　作如下迭代:

$$z = (\ln(y))\sigma^{-1} - n\sigma,$$
$$\int_0^\infty y^n f(y)\mathrm{d}y = \exp(n^2\sigma^2/2) \int_{-\infty}^\infty \frac{\exp(-z^2/2)}{\sqrt{2\pi}}\mathrm{d}z = \exp(n^2\sigma^2/2).$$

由于

$$\int_{-\infty}^{\infty} \frac{\exp(-z^2/2)}{\sqrt{2\pi}} \mathrm{d}z = 1.$$

将积分的值代入方程 (5.2.3) 和方程 (5.2.6), 并解出方程中的 D_V 和 σ,

$$\sigma = \frac{1}{3}\sqrt{\ln\left(\frac{3\chi_i H_0}{\epsilon I_{\mathrm{s}}'}\right)}, \tag{5.2.7}$$

$$D_V = \sqrt[3]{\frac{18k_{\mathrm{B}}T}{\pi I_{\mathrm{s}}'}\sqrt{\frac{\chi_i H_0}{3\epsilon I_{\mathrm{s}}'}}}. \tag{5.2.8}$$

给定参数 χ_i, 通过实验确定 H_0 和 $\epsilon I_{\mathrm{s}}'$, 则由方程 (5.2.7) 和方程 (5.2.8) 能解出 D_V 和 σ.

5.2.2 铁磁流体颗粒大小分布

钴/甲苯基铁磁流体是采用 Hess 和 Harold (1966) 的方法研制的, 其他几类铁磁流体的参数分布规律由铁磁流体公司提供. 饱和磁化强度 $M_{\mathrm{s}} = 4\pi I_{\mathrm{s}}$, 二元酸酯作为基载液的铁磁流体的饱和磁化强度 $M_{\mathrm{s}} = 200\mathrm{G}$, 水基铁磁流体的饱和磁化强度为 $M_{\mathrm{s}} = 120\mathrm{G}$, 煤油基铁磁流体的饱和磁化强度为 $M_{\mathrm{s}} = 80\mathrm{G}$. 本研究采用的铁磁流体包含 $\mathrm{Fe_3O_4}$ 铁磁颗粒. 钴/甲苯铁磁流体的饱和磁化强度为 90G. 同样的铁磁流体通过蒸发浓缩, 可以获得饱和磁化强度为 $M_{\mathrm{s}}=370\mathrm{G}$ 的铁磁流体.

铁磁流体颗粒大小分布用电子显微镜观测. 测量结果发现从磁化曲线计算得到的"磁测直径" D_{Vm} 总是小于用电子显微镜观测到的"物理直径" D_{Vp}. 比较结果通过表 5.1 给出.

表 5.1 不同铁磁流体颗粒的直径

流体	磁测		电子显微镜	
	$D_{Vm}/(1 \times 10^{-5}\mathrm{\mathring{A}})$	σ_m	$D_{Vp}/(1 \times 10^{-15}\mathrm{\mathring{A}})$	σ_p
二元酸酯基 $M_{\mathrm{s}} = (200 \pm 10)\mathrm{G}$	110	0.44	140	0.22
水基 $M_{\mathrm{s}} = (110 \pm 10)\mathrm{G}$	120	0.63	205	0.22
煤油基 $M_{\mathrm{s}} = (50 \pm 10)\mathrm{G}$	75	0.455	90	0.4
钴/甲苯 1	47	0.187	75	0.10
2	45	0.195	75	0.10

注: 1 代表蒸发浓缩以前 $M_{\mathrm{s}} = (90 \pm 10)\mathrm{G}$; 2 代表蒸发浓缩以后 $M_{\mathrm{s}} = (370 \pm 10)\mathrm{G}$

我们获得的结果为 $D_{Vm} < D_{Vp}$, 与 Kaiser 和 Miskolczy (1970) 观测到的结果是一致的, 不过他们只是观测了几类常用的铁磁流体. 他们发现 I_s 总是小于 $\epsilon I'_s$(其中 ϵ 是通过计算获得的聚集率), I_s 指系统的饱和磁化强度的期望值. I_s 的值偏低可以认为是由稳定的活性剂和铁磁颗粒之间发生化学反应引起的. 化学反应导致非磁性的表面层形成, 从而引起颗粒的磁测直径小于物理直径.

对于 Fe_3O_4 铁磁流体, 假设磁测数据的标准差为 σ_m, 电子显微镜观测的数据的标准差记为 σ_p, 可以发现 $\sigma_m > \sigma_p$. 这一结论与 Granqvist 和 Buhrman(1976) 通过亮场电子显微镜观测表面已经氧化的铝粒子获得的直径中值和标准差 (σ_1) 是一致的. 为了获得颗粒的未氧化铝芯的直径中值和标准差 (σ_2), 采用了暗场模型, 发现 $\sigma_1 > \sigma_2$.

从方程 (5.2.7) 和方程 (5.2.8) 能获得 D_{Vm} 和 σ_m 的值, 由此可以给出磁粒度分布参数的一个很好估计. 图 5.4 对磁化强度曲线获得 D_{Vm} 和 σ_m 的计算值与实验值进行了比较, 除了水基铁磁流体之外, 其他类型的铁磁流体总体吻合得很好. 因为 D_{Vm} 和 σ_m 是从磁化强度曲线的相应部分计算出来的, 所以总希望在高的和低的外部磁场作用下计算曲线和实验数据曲线能够很好地拟合. 无论如何, 如果对于某个样本来说正态分布并不是一个反映实际情况的好分布, 那么实验数据就会很快从磁场的介质获得的计算曲线发生偏离. 部分数值曲线就是绕磁化强度的 "膝盖"(knee) 得到的部分曲线, 这就在这一区域提供了一个衡量适合对数正态分布的适用性的标准. 不管怎样, 这种铁磁流体有大的直径中值和标准偏差, 这就导致大量的静磁颗粒相互作用, 在导出方程 (5.2.7) 和方程 (5.2.8) 中没有考虑这些相互作用.

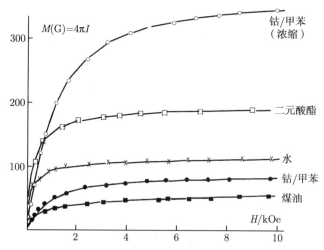

图 5.4　室温下磁化强度的理论和实验数据曲线 (Hess and Harold, 1966)

电子显微镜观察发现二元酸酯基铁磁流体的颗粒大小可以近似服从高斯分布. 然而, 磁测数据显示适合对数正态分布. 这可能是因为用磁测数据来分析对各类分布的差异并不敏感. 一个折中解释是, 表面反应发生后磁心更适合对数正态分布, 而物理直径最适合高斯分布.

通过对有接触的两铁磁颗粒之间的静磁相互作用能以及热能 $k_B T$ 做简单等值化, 就可以得到临界直径 (铁磁颗粒约为 100Å), 超过这一数值铁磁颗粒将形成团聚体从而在悬浮液中沉淀出来. 然而, 存在非磁性表面层和添加表面活性剂都能减少相互作用能, 这大概能解释为什么水基铁磁颗粒直径 $D_{vp} = 200$Å 时, 还能处于稳定状态. 由于 D_{vp} (相应计算出粘性阻力) 大于 D_{vm} (相应计算出铁磁颗粒的受力), 磁场梯度的稳定性也增加. 随着时间增加, 结果达到平衡, 因此增加了磁场梯度的稳定性.

从 χ_i 和 H_0^{-1} 的比较发现, 直径可能有两种估计. 如果系统中铁磁颗粒的大小一致, 那么各种估计都是等价的. 如果铁磁流体颗粒大小服从某种分布, 则两种估计的直径会不同. D_i 从 χ_i 获得, D_u 由 H_0^{-1} 获得, 一般而言, $D_i > D_u$, 这是由于 χ_i 对较大的铁磁颗粒更敏感, 当逼近饱和磁化强度时对较小颗粒更敏感. 对于浓缩的钴/甲苯基铁磁流体, 直径是 $D_i = 48$Å 和 $D_u = 42$Å.

图 5.5 表示浓缩的钴/甲苯基铁磁流体的实验结果和单粒子直径为 42Å 和 48Å 的计算结果比较图. 不出所料, 可以看出, 直径为 48Å 的计算曲线适合低场数据而不适合高场数据, 对直径为 42Å 的计算曲线恰好相反. 在区域介值处, 实验数据和计算结果曲线的一致性差, 这就表明在实验数据点和单粒子大小假设下, 要使理论值与实验值吻合很好是不可能的.

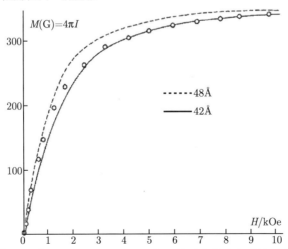

图 5.5 直径 42Å 和 48Å 单颗粒的浓缩钴/甲苯基铁磁流体的实验结果和理论结果的比较曲线(Hess and Harold, 1966)

5.2.3　结论分析

发现利用铁磁流体的磁化强度曲线来测定颗粒大小分布数据的方法是磁性颗粒大小分布参数 D_{vm} 和 σ_m 的很好估计. 研究发现对所有铁磁流体检测, $D_{vm} <$ D_{vp} (D_{vp} 为电子显微镜观测的物理直径), 且 $\sigma_p < \sigma_m$. 这些结果和 Kaiser 与 Miskolczy (1970), 以及 Granqvist 与 Buhrman(1976) 得到的结果一致.

磁测分布直径与物理分布直径之间差别的鉴别在分析实验结果时非常重要. 这一结论在图 5.6 中已有体现, 从二元酸酯基铁磁流体的实验结果可以看出, 它与计算分布参数所确定的电子显微镜的曲线明显不一致.

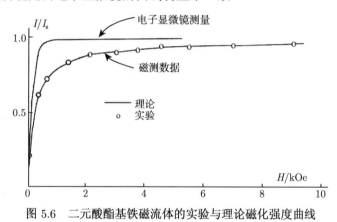

图 5.6　二元酸酯基铁磁流体的实验与理论磁化强度曲线

5.3　铁磁流体颗粒在载液中运动所受磁压

在外磁场作用下, 铁磁颗粒运动会受到洛伦兹力和开尔文力, 但洛伦兹力永远不做功. 有束缚时, 洛伦兹力的分力可以做功, 但其总功一定为 0. 为了分析铁磁颗粒在载液中运动时所受到的阻力, 仅考虑铁磁颗粒在外磁场作用下所受开尔文力和压力差而产生的低雷诺数运动.

假设运动已经达到平衡, 也就是说, 铁磁颗粒在载液中做定常运动. 设来流方向为 x 轴方向, 铁磁颗粒是一种均匀球状颗粒. 任意取一个球状区域的流体微团, 设流动物理量关于 x 轴旋转对称. 假设圆球沿 x 轴负方向移动, 若以圆球为参考坐标系, 则流体在无穷远处具有速度 v, 方向为 x 轴的正方向. 如图 5.7 所示, 取过 x 轴的截面作为极坐标平面, 可以获得流体微团在载液中运动时满足极坐标形式的运动方程

$$\frac{\partial p^*}{\partial r} = \eta_c \left(\frac{\partial^2 v_r}{\partial r^2} + \frac{\partial^2 v_r}{r^2 \partial \theta^2} + \frac{2}{r} \frac{\partial v_r}{\partial r} + \frac{\cot\theta}{r} \frac{\partial v_r}{r\partial \theta} - \frac{2}{r} \frac{\partial v_\theta}{r\partial \theta} - \frac{2 v_r}{r^2} - \frac{2\cot\theta}{r^2} v_\theta \right) \quad (5.3.1)$$

$$\frac{\partial p^*}{r\partial\theta} = \eta_{\mathrm{c}}\left(\frac{\partial^2 v_\theta}{\partial r^2} + \frac{\partial^2 v_\theta}{r^2\partial\theta^2} + \frac{2}{r}\frac{\partial v_\theta}{\partial r} + \frac{\cot\theta}{r}\frac{\partial v_\theta}{r\partial\theta} + \frac{2}{r}\frac{\partial v_r}{r\partial\theta} - \frac{v_\theta}{r^2\sin^2\theta}\right) \tag{5.3.2}$$

其中, $p^* = p_0 - \dfrac{1}{2}\mu_0 H^2$.

连续性方程为

$$\frac{\partial v_r}{\partial r} + \frac{\partial v_\theta}{r\partial\theta} + \frac{2v_r}{r} + \frac{v_\theta}{r}\cot\theta = 0 \tag{5.3.3}$$

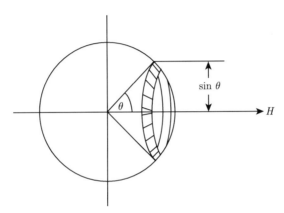

图 5.7　铁磁流体颗粒所受磁压示意图

边界条件: 在无限远处 $r \to \infty$, $v_r = v\cos\theta$, $v_\theta = -v\sin\theta$; 在流体微团表面使用无滑移边界条件为 $r = R$, $v_r = 0$, $v_\theta = 0$.

注意到, 控制方程和边界条件具有线性特征, 且在无穷远处具有正弦和余弦函数形式, 故 v_r 和 v_θ 可取变量分离形式的待定解, 再利用控制方程可知 p 也可以取变量分离形式的待定解, 从而

$$v_r = f_1(r)\cos\theta, \quad v_\theta = -f_2(r)\sin\theta, \quad p^* = \eta_{\mathrm{c}}f_3(r)\cos\theta. \tag{5.3.4}$$

将待定解代入控制方程组, 就可以得到关于 r 的常微分方程组

$$f_3' = f_1'' + \frac{2}{r}f_1' - \frac{4}{r^2}(f_1 - f_2), \tag{5.3.5}$$

$$\frac{1}{r}f_3 = f_2'' + \frac{2}{r}f_2' - \frac{2}{r^2}(f_1 - f_2), \tag{5.3.6}$$

$$0 = f_1' + \frac{2}{r}(f_1 - f_2). \tag{5.3.7}$$

消去有关 f_2 和 f_3 的项, 就可以得到 f_1 的方程

$$r^3 f_1''' + 8r^2 f_1''' + 8r f_1'' - 8f_1' = 0. \tag{5.3.8}$$

容易求解上述方程并结合方程组 (5.3.5)~(5.3.7) 得

$$f_1 = \left(1 - \frac{3}{2}\frac{R}{r} + \frac{1}{2}\frac{R^3}{r^3}\right)v. \tag{5.3.9}$$

$$f_2 = \left(1 - \frac{3}{4}\frac{R}{r} - \frac{1}{4}\frac{R^3}{r^3}\right)v. \tag{5.3.10}$$

$$p^* = p_0 - \frac{3}{2}\eta_0\frac{Rv}{r^2}\cos\theta. \tag{5.3.11}$$

由此获得铁磁流体运动的速度 $v = (v_r, v_\theta)$. 从而

$$\frac{1}{2}\mu_0 H^2 = \frac{3}{2}\eta_c\frac{Rv}{r^2}\cos\theta. \tag{5.3.12}$$

也就是说, 如果流体微团获得式 (5.3.11) 右端的等效磁压, 则铁磁颗粒在铁磁流体中将保持速度 v 沿 x 轴向左移动, 移动过程中所受粘性剪切应力为

$$\begin{aligned}\tau_{r\theta} &= \eta_c\left(\frac{\partial v_r}{r\partial\theta} + \frac{\partial v_\theta}{\partial r}\right)\\&= -\eta_c\left(\frac{1}{r} - \frac{3}{4}\frac{r_p}{r^2} + \frac{5}{4}\frac{R^3}{r^4}\right)v\sin\theta.\end{aligned} \tag{5.3.13}$$

粘性剪切应力 $\tau_{r\theta}$ 与压力 p^* 分别沿流体微团表面积分, 将会发现二者积分比值为 1/2.

5.4　用磁流体测量气液二相流中气泡速度的技术

迄今为止, 随着研究的不断推进, 很多用磁流体进行研究的应用被提出. 在这之中, 包括磁流体本身, 由于应用了电磁体积力, 在驱动装置上为了促进驱动力, 利用气液二相状态下气泡泵效应的场合非常多. 正因如此, 寻求磁流体的气液二相流的流动解析解显得尤为重要. 但是, 求流动解析解所必需的各种参数, 以现有的测量技术还难以实现测量. 特别是, 虽然气泡速度影响气泡泵效应的重要参数可以得到, 但详细的内容我们却无法通过现有知识去深刻理解. 所以, 进行理论预测是十分困难的. 另外, 即便是用测量方法, 关于光学的可视化也比较困难. 像磁流体这类典型不透明液体, 即便是比较简单的气泡速度, 目前也没有见到合适的测量方法. 本研究中, 通过采用改进的电磁诱导孔隙率计测技术, 提出了磁性流体气液二相流的气泡速度测量新技术. 根据实验结果确定其可用性, 从而达到实验目的.

5.4.1　实验

1. 实验用流体

本研究实验以温度敏感性低的磁化水作为基本磁流体. 物理性质: 密度 $1.405 \times 10^3\text{kg/m}^3$, 粘度 18.85mPa·s, 表面张力 38.9mN/m.

2. 测量原理

测量原理如图 5.8 所示. 在普通交替磁场内安装磁流体的气液二相流流路. 在这种情况下, 比起磁流体的磁化率, 以气态形式存在的空气磁化率要小很多 (10^{-17}), 可以将其忽略, 所以通过流路 (气液二相状态的磁流体) 的磁感应强度 B_{mix} 可用下式表示:

$$B_{\mathrm{mix}} = \mu_0(H + M_{\mathrm{mix}}) \tag{5.4.1}$$

其中, μ_0 是真空下的透磁率, M_{mix} 是气液二相状态的磁流体磁化强度, M_{mix} 的近似表达式如下 (误差在 1.4% 以内):

$$M_{\mathrm{mix}} \approx (1 - \alpha)M_{\mathrm{mf}} \tag{5.4.2}$$

其中, α 是孔隙率, M_{mf} 是磁流体的磁化强度.

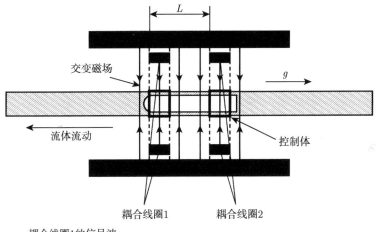

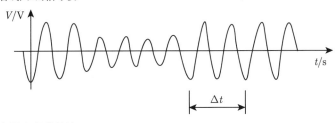

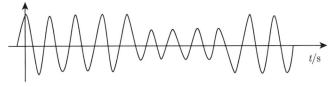

图 5.8   测量气泡速度结构示意图

　　如图 5.8 所示, 在流路上下的交替磁场内, 安装二次线圈. 在这种情况下, 由于电磁诱导而发生诱导起电. 用 n 个重复的二次线圈而发生的诱导起电可用式 (5.4.2) 和法拉第定律表示为

$$V = -n\frac{\partial}{\partial t}\int\int_S[\mu_0\{H + (1-\alpha)M_{\mathrm{mf}}\}\hat{n}]\mathrm{d}S \tag{5.4.3}$$

其中, S 是二次线圈的面积. 若理解了式 (5.4.3), 则可以得到与气泡相对应的波形, 这个波形可由诱导产生电力的时间函数得到.

　　如图 5.8 所示, 当两个二次线圈 1, 2 的距离是 L 时, 可得到两个二次线圈的波形值间的时间差 Δt, 这个时间差可由与其相关的函数求出, 气泡速度可由二次线圈间的距离和时间差求得

$$u_{\mathrm{bubble}} = \frac{L}{\Delta t} \tag{5.4.4}$$

此外, 这些算气泡速度的过程可由算法求出.

3. 实验

　　本研究所用的实验装置如图 5.9 所示. 在图 5.9 中, 磁流体靠泵来顺时针循环. 气泡速度测量部分称为测量区, 测量区的下部, 用压缩机注入空气, 使得在测量区

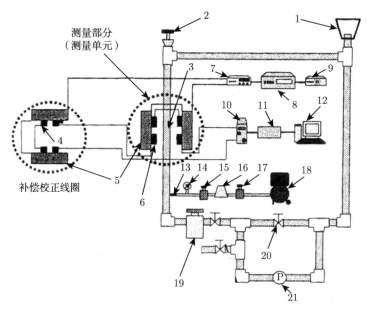

图 5.9　实验装置

1. 分离槽; 2. 温度计; 3. 流管 (实验部分); 4. 复位线圈; 5. 励磁 (激励) 线圈; 6. 耦合线圈; 7. 数字式万用表; 8. 电源; 9. 信号发生器; 10. 安培表; 11. A/D 信号转换器; 12. 计算机; 13. 喷气嘴; 14. 压力计; 15. 质量流量控制器; 16. 数字流量计; 17. 调压阀; 18. 压气机; 19. 质量流量计; 20. 针形阀; 21. 泵

形成垂直上升的气液二相流. 气液二相流从测量区流出之后, 靠分离器、罐、分离槽, 只把气泡去除掉, 再将磁流体进行循环. 此外, 在一般交替磁场内, 用 Helmholtz 线圈作为发生励磁的线圈. 另外, 实验装置的流路依靠液态流量调整阀和气态流量调整阀分别进行各相流量调整.

5.4.2 结果和考察

实验结果如图 5.10~图 5.12 所示. 图 5.10~ 图 5.12 分别是气态体积流速 j_g 等于 0m/s, 0.042m/s, 0.105m/s 的条件下的结果. 气泡速度 u_b 在熔渣流和搅拌流下可以测量. 首先, 为了检验测量气泡速度所用算法的可信赖性, 先用相关函数求出气泡速度, 再通过两个二次线圈所发生的波形数据间的时间差, 直接从波形中算出速度, 最后比较两者所求出的速度.

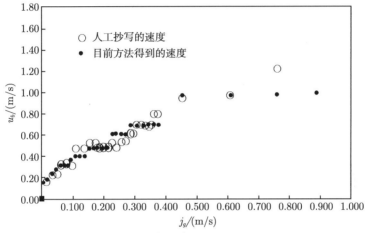

图 5.10   实验结果 ($j_g = 0$m/s)

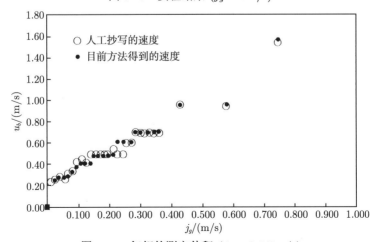

图 5.11   气相的测定体积 ($j_g = 0.042$m/s)

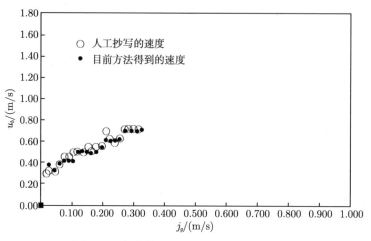

图 5.12　气相的测定体积 $(j_g = 0.105\mathrm{m/s})$

如图 5.10～ 图 5.12 所示, 两者所得的数据吻合得很好. 进一步, 为了本实验所提出的气泡速度测量具有可信赖性, 用具有相同物性值的磁性甘油 (丙三醇) 水溶液, 在相同的实验装置和条件下进行可视化实验. 根据可视化图像所求得的气泡速度与根据相关函数所求得的速度进行比较.

图 5.13～ 图 5.15 分别展示了两者之间的比较. 从结果来看, 可视化求得的气泡速度和相关函数所求得的气泡速度吻合得很好. 从这些结果中可以得出结论: 本实验所提出的方法是测量气泡速度的妥当方法.

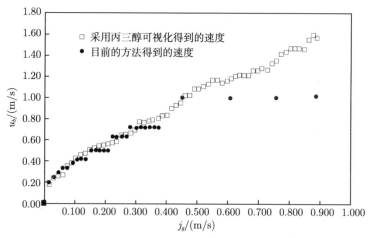

图 5.13　采用丙三醇可视化 $(j_g = 0\mathrm{m/s})$

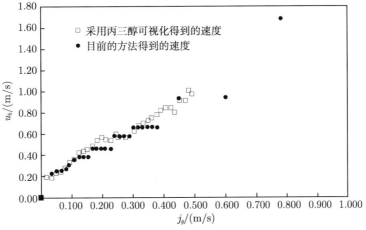

图 5.14　采用丙三醇可视化 $(j_g = 0.042\mathrm{m/s})$

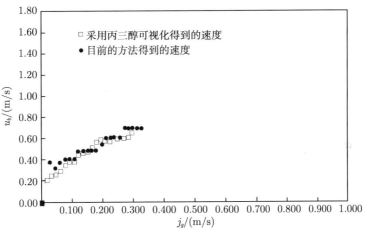

图 5.15　采用丙三醇可视化 $(j_g = 0.105\mathrm{m/s})$

5.4.3　结论

　　实验结果显示, 从所得波形数据可以检验出气泡的存在. 另外, 在熔渣流和搅拌流下用相关函数所求得的气泡速度和从波形数据中直接算出的气泡速度吻合得很好, 而且与用具有相同物性值的磁性甘油水溶液进行可视化而求出的气泡速度也吻合得很好. 从这些结果中可以看出, 本研究所提出的用磁流体进行气泡速度测量的方法是妥当的 (Gaseau et al., 1997).

参 考 文 献

池长青. 2011. 铁磁流体的物理学基础和应用. 北京: 北京航空航天大学出版社.

李德才. 2003. 磁性液体理论及应用. 北京: 科学出版社.

石本淳, 大久保雅章, 神山新一. 1995. 感温性磁性流体沸騰二相流エネシステムに関する基礎研究. 日本機械学会論文集 B 編, 61(581): 157-165.

松本真輔, 山口博司, 桑原拓也, 等. 2007. 磁性流体を用いた気液二相流速度計測技術. 第 19 回電磁力関連のダイイミクスシソボジウム.

Chantrell R W, Popplewell J, Charles S W. 1978. Measurements of particles size distribution parameters in ferrofluids. IEEE Transaction on Magnetics, 15(5): 975-977.

Elfimova E A. 2005. Fractal aggregates in magnetic fluids. Journal of Magnetism & Magnetic Materials, 289: 219-221.

Gaseau F , Bacri J C, Perzynski R, et al. 1997. Energy conversion in ferrofluids: magnetic nanoparticles as motors or generators. Phys. Rev. E, 1997, 56: 614-618.

Granqvist C G, Buhrman R A. 1976. Ultrafine metal particles. Journal of Applied Physics, 47(5): 2200-2219.

Hess P H, Harold P P. 1966. Polymers for stabilization of colloidal cobalt particles. Journal of Applied Polymer Science, 10(12): 1915-1927.

Holm C, Weis J J. 2005. The structure of ferrofluids: a status report. Current Opinion in Colloid & Interface Science, 10(3/4): 133-140.

Jeyadevan B, Nakatani I. 1999. Characterization of field-induced needle-like structures in ionic and water-based magnetic fluids. Journal of Magnetism & Magnetic Materials, 201(1-3): 62-65.

Kaiser R, Miskolczy G. 1970. Magnetic properties of stable dispersions of subdomain magnetite particles. Journal of Applied Physics, 41(3): 1064-1072.

Kendoush A A, Awni F A, Majeed F Z. 2000. Measurement of void fraction in magnetic two-phase fluids. Experimental Thermal and Fluid Science, 22(1/2): 71-78.

Kuwahara T, Vuyst F D, Yamaguchi H. 2009. Bubble velocity measurement using magnetic fluid and electromagnetic induction. Physics of Fluids, 21(9): 097101.

Kuwahara T, Yamaguchi H. 2005. Void fraction measurement in magnetic fluid. Journal of Magnetism and Magnetic Materials, 289: 403-406.

Kuwahara T , Yamaguchi H. 2012. Measurement of Void Fraction in Gas-Liquid Two-Phase Flow by Using Magnetic Fluid. Dordrecht: Springer.

Odenbach S. 2002. Magnetoviscous Effects in Ferrofluids. New York: Springer.

Papell S S. 1965. Low viscosity magnetic fluid obtained by the colloidal suspension of magnetic particles, USA, 3215572.

Rosensweig R E. 1985. Ferrohydrodynamics. Mineola, New York: Dover Publications.

Shuchi S, Mori T, Yamaguchi H. 2002. Flow boiling heat transfer of binary mixcd magnctic fluid. IEEE Transaction on Magnetics, 38(5): 3234-3236.

Wang Y M, Cao X, Liu G H, et al. 2011. Synthesis of Fe_3O_4 magnetic fluid used for magnetic resonance imaging and hyperthermia. Journal of Magnetism & Magnetic Materials, 323(23): 2953-2959.

第6章 铁磁流体扩散抛物化稳定性理论

6.1 流体力学扩散抛物化理论

Navier-Stokes(NS) 方程组的求解是流体力学和计算流体力学的一个核心课题, 由于 NS 方程的非线性特性和高雷诺数流动的复杂性, 人们致力于简化但足够准确的求解. 高雷诺数流动的简化计算方法最早是 Prandtl 于 1904 年开创的边界层理论. 但是, 边界层理论不适用于边界层脱体分离、粘性无粘大范围干扰流动等复杂现象. 20 世纪 60~70 年代问世的抛物化 NS 方程组理论, 则是适用于全域流场的 NS 方程组简化理论.

1. 粘性流动扩散抛物化理论

当高雷诺数流动存在近似主流方向时, 在主流方向上扩散与对流效应相比很小, 可近似加以忽略, 即对主流方向坐标变量求偏导的粘性诸项可以从 NS 方程组中略去, 于是得到扩散抛物化 (DP)NS 方程组. DPNS 方程组亦称简化、抛物化或薄层 NS 方程组. 鉴于早期导出它们的出发点不同, 粘性项的取舍亦略有不同, 所以被冠以不同的称呼. 它们是介于 NS 与边界层方程组之间或 NS 与 Euler 方程组之间且形成层次结构的一类方程组, 它们有许多共同的特点 (如数学性质相同、适用于全域流场等), 由此产生了空间推进求解全域流场 (对存在近似主流方向以及含有小分离区的情况) 的有效方法. 经过 30 多年的发展, DPNS 方程组理论和计算取得了丰硕成果, 并已成为粘性流理论和计算的一个重要领域, 成为高雷诺数 NS 计算的重要补充. 扩散抛物化概念也适用于流体运动稳定性方程组的合理简化. 一些专著和教科书已把 DPNS 方程组与 Euler 和 NS 方程组并列作为流体力学的三种基本守恒方程组 (Anderson et al., 1998). 扩散抛物化理论的一个推论是: 若在一个或两个坐标方向上 DP 理论成立, 则 NS 方程组简化为扩散抛物化方程组 (DPEs); 若在扩散抛物化方程组中进一步丢掉小量阶项, 则得到边界层方程组; 若在所有坐标方向上扩散抛物化理论成立, 则 NS 方程组简化为 Euler 方程组. 可见扩散抛物化理论相对薄边界层理论概念上有突破, 扩散抛物化理论包括边界层理论、多层边界层理论和无粘近似理论, 这些流体力学基本理论模型只是 NS 方程组的数学简化模型, 扩散抛物化理论更能描述带主流方向的复杂流动问题. 从简化 NS 方程组理论来看, 扩散抛物化理论的尺度数量级关系分析导致 NS 方程组的系统简化, 从而把高雷诺数流动的主要近似理论和相应方程组统一为一个有机整体.

2. 扩散抛物化方程组的形式和 NS 方程组简化的层次结构

扩散抛物化方程组是 NS 方程组简化中另一种新的形式, 这与 Euler 方程组和边界层方程组的形式唯一有很大不同. 事实上, 从扩散抛物化理论的尺度数量级关系出发, NS 方程组按照方程中诸项数量级大小的简化形成了层次结构, 在 NS 方程和边界层方程之间或 NS 方程和 Euler 方程之间包含了许多层次, 特别是对曲线坐标系和可压缩流包含的层次更多, 每一层次都有自己的运动方程组, 这诸多层次的诸多方程组构成了一类扩散抛物化方程组 (高智, 1982).

对于流动细致过程的描述, 以及流场关键点 (如边界层的分离点和驻点) 流动过程的描述, 不同形式的 DP 方程组会给出区别显著的不同结果. 例如, 在平直壁和弯曲壁边界层分离点邻域, Davis 形式和 Golovachev 形式的扩散抛物化方程组与边界层方程组一样存在 Goldsetin 数学奇异性, 切向流速梯度和法向流速在分离点均趋向无穷大; 而高智形式 DP 方程组则与 NS 方程组一样在分离点邻域存在级数解, 数学上为"正则".Golovachev 形式的扩散抛物化方程组 (Davis and Fluggelotyz, 1964) 包含的粘性项与边界层方程组中的粘性项完全一致, 高智形式的扩散抛物化方程组 (高智,1982) 在切向和法向动量方程中均包含主要的粘性项, Davis 形式的方程组 (Davis et al., 1964, 1970) 包含的粘性项介于高智和 Golovachev 形式的 DP 方程组的粘性项之间. 又如检验扩散抛物化方程组优劣的最佳判据是准确解实验, 对 8 类熟知的 NS 方程组准确解, 即不可压缩二维和三维驻点流动、Couette 流动、旋转圆盘附近的流动、Poiseuille 流动、收缩和扩张渠道流动、层流射流流动和旋转圆盘之间的流动等, Davis 形式的 DP 方程组解以及 Golovachev 形式的 DP 方程组解只有 Couetet 流与 NS 方程组准确解一致, 其他 7 类均不一致; 而高智形式的 DP 方程组解对 8 类流动均与 NS 方程组准确解完全一致, 特别是在扩张渠道流动出现分离的条件下高智型 DP 方程组解仍与 NS 方程组准确解一致等. 因此在 DP 方程组的所有可能的形式中, 高智形式的 DP 方程组在计算复杂流动问题中应用范围更为宽泛.

3. 扩散抛物化方程组的数学特征

数学特征分析表明扩散抛物化方程组为双曲抛物型, 这是流体力学家和计算流体力学家在 20 世纪 60~70 年代的共同看法, 抛物化 NS 方程组的称呼反映了这一事实. 数值计算的实践最先否定了上述结论. 扩散抛物化方程组数学特征的完整理论是特征和次特征理论 (高智, 1987), 特征由 DP 方程组所含高阶导数项组成的主部所规定, 次特征由 DP 方程组在粘性极限 $\mu \to 0$ 下的蜕化方程组, 即 Euler 方程组所规定. 扩散抛物化方程组的数学特征由特征和次特征共同决定. 特征表明扩散抛物化方程组为双曲抛物型, 次特征表明扩散抛物化方程组当马赫 (Mach) 数 $M > 1$ 时为双曲型, 而当 $M < 1$ 时为椭圆型, 因此扩散抛物化方程组当 $M > 1$ 时为双曲抛物型, 而当 $M < 1$ 时为椭圆型. 十分有趣的是, 特征和次特征分析表明边界层方程组均为抛物型, 因此边界层方程组是"真正的"抛物化方程. 特征表明扩散抛物化方程组为椭圆型, 次特征表明 NS 方程组当 $M > 1$ 时为双曲型, 而当 $M < 1$ 时为椭圆型, 因此 NS 方程组为"真正的"椭圆型.

随着计算机技术和 CFD 的迅速发展, 以及 CFD 软件不断涌现和更新换代, 近年来, 人们提出并研究了对 CFD 的"数值海洋"的检验和可信度等问题, 并对高雷诺数 NS 方程的常见计算作了是否因此为真正的 NS 计算的评估. 另一方面又从 NS 方程数值离散的角度进一步提出 NS 方程组的简化, 简化为广义 DPNS 方程组和高雷诺数流动算法的简化, 把扩散抛物化理论耦合进算法中的离散流体力学 (DFD) 算法问题. NS 方程的广义扩散抛物化简化和 DFD 算法是高智提出的, 这是他在 1967 年提出的 DPNS 方程组 (早先称简化 NS 方程组) 理论的进一步发展. 广义 DPNS 方程组以及 DFD 算法的正确有效性的初步数值检验, 是高智和他的学生们完成的.

4. 抛物化方程组的计算

非线性稳定性方法建立在非线性抛物化稳定性方程组 (parabolic stability equations, PSE) 的基础上, 为了跟踪流体界面复杂变形而构造出标量基界面捕捉 (IC) 格式 (Li and Gao, 2003; 高智和周光炯, 2001). 已有研究结果表明 IC-PSE 能预测不稳定波的动力学行为, 捕捉 Kelvin-Helmholtz 涡旋滚动的形成以及大尺度流体结构, 比直接计算数量级减少. IC-PSE 格式的表面张力的作用表明, 若 $Re/We \leqslant 1$, 则流的计算是有效的, 这一方法也能精确计算预测流体结构的变形和非线性演化.

最近一类线性方程的抛物化形式被推导出来了, 并与建议的解决方案相结合, 允许在三维边界层进行模式和非模式的扰动增长进行研究. 该方法被应用于扰动波, 其固相化线和外部流线被密切地结合在一起 (David et al., 2010).

6.1.1　扩散抛物化方程组特征和次特征

为了求解边界层理论失效的高速绕流问题, 20 世纪 60 年代后期, 美国、中国和苏联学者同时独立地提出了扩散抛物化方程组理论, 扩散抛物化方程组亦称抛物化 NS、简化 NS 或薄层 NS 方程组. 实验观察指出在顺流方向上, 下游状态基本上不干扰上游状态, 扩散抛物化方程组理论正是这一实验观察结果的理论概括.

DPNS 方程组确切的数学表述是: 在任一方向上若扩散的迎风特征距离远小于待求解流场在该方向上的特征长度, 则在该方向上以对流输运为主, 粘性扩散的贡献比较次要, 可近似忽略, 即 NS 方程组中对该方向坐标变量求偏导的粘性诸项可以忽略, 于是得到 DPNS 方程组. 以可压缩二维 NS 方程组为例, 若顺流即主流

方向为 x 方向, 则 DPNS 方程组为

$$\frac{\partial \boldsymbol{U}}{\partial t} + \frac{\partial \boldsymbol{A}}{\partial x} + \frac{\partial \boldsymbol{B}}{\partial y} = \frac{\partial \boldsymbol{C}}{\partial y}, \tag{6.1.1}$$

其中, $\boldsymbol{U} = (\rho, \rho u, \rho v, \rho e_t)$, $\boldsymbol{A} = (\rho u, \rho u^2 + p, \rho w, (\rho e_t + p)u)$, $\boldsymbol{B} = (\rho v, \rho w, \rho v^2 + p, (\rho e_t + p)v)$, $\boldsymbol{C} = (0, \mu u_y, 0, \mu u u_y + kT_y)$. 应当指出 DPNS 方程组是介于 NS 和 Euler 方程组之间的一类方程组. 它们包含了所有的无粘项, 包含的粘性项虽然略有不同, 但它们的数学性质相同. DPNS 方程组的数学特征由它的主特征和次特征共同确定, 由高阶导数项决定的主特征表明 DPNS 方程组为双曲抛物型或抛物型, 例如, 方程 (6.1.1) 的所有 6 个特征根均为零, 故它为抛物型. 而雷诺数 Re 趋近于 ∞ 下 DPNS 方程的次特征表明: 在 Mach 数 $M > 1$ 和 $M < 1$ 时, DPNS 程组分别为双曲型和椭圆型. 这就是 DPNS 方程组在 $M > 1$ 时空间推进适定, $M < 1$ 时空间推进不适定的起因. 因此, 把这类方程组称为抛物化、简化或薄层 NS 方程组都不够确切, 只有 DPNS 方程组的称呼才能正确反映它们的数学、物理性质. DPNS 方程组的称呼首先是高智提出的 (高智, 1982).

理论上 DPNS 方程组适用于存在近似主流方向的高雷诺数全域流场, 数值实验表明它们也适用于分离不很严重的各种内流和外部绕流流动. 特别是以超声速区域为主的定常流计算, 可沿主流方向对 DPNS 方程组实施空间推进求解, 对亚声速定常流计算, 若增加 $\partial p/\partial x$ 的补充关系, 仍可沿 x 方向对它实施空间推进求解. 与完全 NS 方程组的计算相比, DPNS 方程组的空间推进求解使计算维数减少一维, 可大大节省机时和内存, 因此 DPNS 方程组在 CFD 中得到了广泛的应用, 既有 DPNS 方程软件开发, 亦有把 DPNS 方程组与 Euler 和 NS 方程组一起作为 CFD 软件的基本控制方程组.

应该提到, 对 NS 方程组计算的物理和数值分析表明: 已有的众多高雷诺数流动 NS 计算, 表面上看是 NS 计算, 实际上计算的是 DPNS 方程组. 当用完全 NS 方程组计算具有近似主流方向的高雷诺数流动时, DPNS 方程组丢掉的那些物理粘性项属于完全 NS 计算中的截断误差项, 这就是说我们只可能计算 DPNS 方程组. 可见对具有近似主流方向 NS 计算的数值分析证实, DPNS 方程组是粘性流必不可少的一种基本守恒方程组.

6.1.2 扩散抛物化稳定性方程组的数学特征

流体运动抛物化稳定性方程组 (PSE) 是由 Herbert 等在 1987 年提出的, 已成为流体运动稳定性计算和理论研究的一个重要手段. 流场计算分析表明, 抛物化稳定性方程组并非完全抛物化, 还存在剩余的椭圆特性. 由于 PSE 存在剩余的椭圆特性, 直接求解 PSE 不仅耗费计算机机时, 而且空间步长推进无法进行, 不能得到适定解. Haj Hariri 详细研究了 PSE 的数学性质, 分析了 PSE 的椭圆特性, 提出了

消除 PSE 的椭圆特性的方法. Haj Hariri 等将 PSE 中的每一个物理量分解成快变波状分量和慢变形状函数, 利用待定系数法阐明了椭圆特性的来源, 从而, 从声源和粘性源两个方面来消除其椭圆特性. 这样得到的 PSE 可用高效、经济的推进方法求解. Davis(1970) 研究了 PSE 的特征次特征以及消除 PSE 的剩余椭圆特性的问题. 数学特征、次特征分析表明, PSE 并非真正抛物化, 扩散抛物化稳定性方程组 (DPSE) 的称呼才能真正反映它的数学物理特征. 扩散抛物化稳定性方程组的好处是: 对流体运动稳定性问题的描述合理, 扩散抛物化稳定性方程组的空间推进计算与流动稳定性方程组时间相关计算相比可大大节省 CPU 时间和内存, 且扩散抛物化稳定性方程组计算中无须规定扰动量的出流边界条件, 这是一个实质性的简化. Davis(1970) 进一步利用特征和次特征方法, 研究 PSE 的数学性质和消除 PSE 的剩余椭圆特性的问题, 给出了 PSE 的次特征与 Mach 数的关系, 并进一步讨论非线性 PSE 的椭圆特性, 给出了消除 PSE 的剩余椭圆特性的办法. 对线性 PSE 消除剩余椭圆特性所得结论和已有文献一致.

6.2　铁磁流体扩散抛物化稳定性方程组

假设磁场强度和磁化强度满足 $M /\!/ H$, 直角坐标系下无量纲二维可压缩铁磁流体力学基本方程组可以表示为

$$S_t \frac{\partial \rho}{\partial t} + \frac{\partial(\rho u)}{\partial x} + \frac{\partial(\rho v)}{\partial y} = 0 \tag{6.2.1}$$

$$S_t \frac{\partial u}{\partial t} + u\frac{\partial u}{\partial x} + v\frac{\partial u}{\partial y} = -\frac{1}{\rho}\frac{\partial p^*}{\partial x} + \frac{1}{\rho Re}\left\{\frac{\partial}{\partial x}\left[\mu\left(\frac{4}{3}\frac{\partial u}{\partial x} - \frac{2}{3}\frac{\partial v}{\partial y}\right)\right] + \frac{\partial}{\partial y}\left(\mu\frac{\partial v}{\partial x}\right)\right.$$
$$\left. + \frac{\partial}{\partial y}\left(\mu\frac{\partial u}{\partial y}\right)\right\} + M_x\frac{\partial H_x}{\partial x} + M_y\frac{\partial H_x}{\partial y} + M_z\frac{\partial H_x}{\partial z} \tag{6.2.2}$$

$$S_t \frac{\partial v}{\partial t} + u\frac{\partial v}{\partial x} + v\frac{\partial v}{\partial y}$$
$$= -\frac{1}{\rho}\frac{\partial p^*}{\partial y} + \frac{1}{\rho Re}\left\{\frac{\partial}{\partial x}\left(\mu\frac{\partial v}{\partial x}\right) + \frac{\partial}{\partial x}\left(\mu\frac{\partial u}{\partial y}\right)\right.$$
$$\left. \frac{\partial}{\partial y}\left[\mu\left(\frac{4}{3}\frac{\partial v}{\partial y} - \frac{2}{3}\frac{\partial u}{\partial x}\right)\right]\right\} + M_x\frac{\partial H_y}{\partial x} + M_y\frac{\partial H_y}{\partial y} + M_z\frac{\partial H_y}{\partial z} \tag{6.2.3}$$

$$S_t\left(\rho C_p \frac{\partial T}{\partial t} - \frac{\partial p^*}{\partial t}\right) + \rho C_p\left(u\frac{\partial T}{\partial x} + v\frac{\partial T}{\partial y}\right) - \left(u\frac{\partial p^*}{\partial x} + v\frac{\partial p^*}{\partial y}\right)$$
$$= \frac{C_p}{Re}\left[\frac{\partial}{\partial x}\left(\frac{\mu}{p_r}\frac{\partial T}{\partial y}\right)\right] + \frac{\mu}{Re}\left[2\left(\frac{\partial u}{\partial x}\right)^2 + 2\left(\frac{\partial v}{\partial y}\right)^2 + 2\frac{\partial v}{\partial x}\frac{\partial u}{\partial y}\right.$$
$$\left. -\frac{2}{3}\left(\frac{\partial u}{\partial x} + \frac{\partial v}{\partial y}\right)^2 + \left(\frac{\partial v}{\partial x}\right)^2 + \left(\frac{\partial u}{\partial y}\right)^2\right] \tag{6.2.4}$$

磁场强度和磁化强度满足如下方程:

$$\begin{cases} \dfrac{\mathrm{d}\boldsymbol{M}}{\mathrm{d}t} = \boldsymbol{\Omega} \times \boldsymbol{M} - \dfrac{1}{\tau_{\mathrm{B}}}(\boldsymbol{M} - \boldsymbol{M}_0) - \dfrac{1}{6\eta\phi}\boldsymbol{M} \times (\boldsymbol{M} \times \boldsymbol{H}) \\[2mm] \nabla \cdot \boldsymbol{B} = 0 \\[2mm] \nabla \times \boldsymbol{H} = 0 \end{cases} \tag{6.2.5}$$

其中, $p^* = p + p_{\mathrm{m}}$, $p_{\mathrm{m}} = H^2/2$ 为磁压. 对平板边界层, 设基本流为 $(U(x,y,t), 0, T(x,y,t), \bar{\rho}(x,y,t))$, 且满足磁流体力学基本方程组. 外部磁场 $\boldsymbol{H}_0 = (0,0,H_{0z})$ 垂直流体运动方向. 在小扰动流动中, 磁流体物理量叠加一个适应于磁流体力学基本方程组的微小扰动, 流场中的运动参数可用基本流参数和扰动参数相叠加来表示. 在外磁场作用下, 磁场强度可用外部磁场和扰动参数相叠加来表示. 在直角坐标系中, 速度、温度、密度和磁场强度可分别表示为

$$\widetilde{U} = U + u, \quad \widetilde{V} = v, \quad \widetilde{T} = T + \theta, \quad \widetilde{\rho} = \bar{\rho} + \rho, \quad \widetilde{\boldsymbol{M}} = \overline{\boldsymbol{M}} + \boldsymbol{M}. \tag{6.2.6}$$

其中, $\overline{\boldsymbol{M}} = (\overline{M}_x, 0, 0)$, $\boldsymbol{M} = \chi\boldsymbol{H}$ 和 (u, v, θ, ρ) 为磁化强度、磁场强度引起的磁化强度扰动、x 方向和 y 方向速度以及温度和密度的小扰动, χ 表示初始磁化率 (或磁化系数). 将式 (6.2.6) 代入方程组 (6.2.1)~(6.2.5), 即可得到如下二维可压缩磁流体力学稳定性方程组:

$$\begin{cases} (U+u)\dfrac{\partial\rho}{\partial x} + v\dfrac{\partial\rho}{\partial y} + (\bar{\rho}+\rho)\dfrac{\partial u}{\partial x} + (\bar{\rho}+\rho)\dfrac{\partial v}{\partial y} = F_1 \\[3mm] \dfrac{T+\theta}{\bar{\rho}+\rho}\dfrac{\partial\rho}{\partial x} + \dfrac{1}{\bar{\rho}+\rho}\dfrac{\partial p_{\mathrm{m}}}{\partial x} + (U+u)\dfrac{\partial u}{\partial x} + v\dfrac{\partial u}{\partial y} + \dfrac{\partial\theta}{\partial x} - \dfrac{4\mu}{3(\bar{\rho}+\rho)Re}\dfrac{\partial^2 u}{\partial x^2} \\[3mm] \quad + \dfrac{2\mu}{3(\bar{\rho}+\rho)Re}\dfrac{\partial^2 v}{\partial x\partial y} - \dfrac{\mu}{(\bar{\rho}+\rho)Re}\dfrac{\partial^2 v}{\partial y\partial x} - \dfrac{\mu}{(\bar{\rho}+\rho)Re}\dfrac{\partial^2 u}{\partial y^2} \\[3mm] \quad + \overline{M}_x\dfrac{\partial M_x}{\partial x} + M_x\dfrac{\partial M_x}{\partial x} + M_y\dfrac{\partial M_x}{\partial y} = F_2 \\[3mm] \dfrac{T+\theta}{\bar{\rho}+\rho}\dfrac{\partial\rho}{\partial y} + \dfrac{1}{\bar{\rho}+\rho}\dfrac{\partial p_{\mathrm{m}}}{\partial y} + (U+u)\dfrac{\partial v}{\partial x} + v\dfrac{\partial v}{\partial y} + \dfrac{\partial\theta}{\partial y} - \dfrac{\mu}{(\bar{\rho}+\rho)Re}\dfrac{\partial^2 v}{\partial x^2} \\[3mm] \quad + \dfrac{2\mu}{3(\bar{\rho}+\rho)Re}\dfrac{\partial^2 u}{\partial y\partial x} - \dfrac{\mu}{(\bar{\rho}+\rho)Re}\dfrac{\partial^2 u}{\partial x\partial y} - \dfrac{4\mu}{3(\bar{\rho}+\rho)Re}\dfrac{\partial^2 v}{\partial y^2} \\[3mm] \quad + \overline{M}_x\dfrac{\partial M_y}{\partial x} + M_x\dfrac{\partial M_y}{\partial x} + M_y\dfrac{\partial M_y}{\partial y} = F_3 \\[3mm] (\bar{\rho}+\rho)(U+u)(C_p-1)\dfrac{\partial\theta}{\partial x} + (\bar{\rho}+\rho)v(C_p-1)\dfrac{\partial\theta}{\partial y} - (T+\theta)(U+u)\dfrac{\partial\rho}{\partial x} \\[3mm] \quad - (T+\theta)v\dfrac{\partial\rho}{\partial y} - (U+u)\dfrac{\partial p_{\mathrm{m}}}{\partial x} - v\dfrac{\partial p_{\mathrm{m}}}{\partial y} - \dfrac{C_p\mu}{P_r Re}\dfrac{\partial^2\theta}{\partial x^2} - \dfrac{C_p\mu}{P_r Re}\dfrac{\partial^2\theta}{\partial y^2} = F_4 \end{cases} \tag{6.2.7}$$

其中, ρ 和 μ 分别用 ρ_e 和 μ_e 归一化, F_1, F_2, F_3 和 F_4 表示方程组中 $\partial/\partial x$ 和 $\partial/\partial y$ 的项之外的所有其他项. 下文中, F_1, F_2, F_3 和 F_4 的意义与此相同, 不再另加说明.

同样地, 磁场强度和磁化强度方程组可以表示为

$$\begin{cases} \overline{M}_x\frac{\partial M_x}{\partial x} + M_x\frac{\partial M_x}{\partial x} + M_y\frac{\partial M_x}{\partial y} = g_1 \\ \overline{M}_x\frac{\partial M_y}{\partial x} + M_x\frac{\partial M_y}{\partial x} + M_y\frac{\partial M_y}{\partial y} = g_2 \end{cases} \tag{6.2.8}$$

其中, g_1 和 g_2 表示方程组中 $\partial/\partial x$ 和 $\partial/\partial y$ 的项之外的所有其他项.

根据流体扩散抛物化方程组理论, 忽略方程组中 x 方向的粘性项, 即可得到非线性扩散抛物化稳定性方程组

$$\begin{cases} (U+u)\frac{\partial \rho}{\partial x} + v\frac{\partial \rho}{\partial y} + (\bar{\rho}+\rho)\frac{\partial u}{\partial x} + (\bar{\rho}+\rho)\frac{\partial v}{\partial y} = F_1 \\ \frac{T+\theta}{\bar{\rho}+\rho}\frac{\partial \rho}{\partial x} + \frac{1}{\bar{\rho}+\rho}\frac{\partial p_{\mathrm m}}{\partial x} + (U+u)\frac{\partial u}{\partial x} + v\frac{\partial u}{\partial y} + \frac{\partial \theta}{\partial x} - \frac{\mu}{(\bar{\rho}+\rho)Re}\frac{\partial^2 u}{\partial y^2} \\ + \overline{M}_x\frac{\partial M_x}{\partial x} + M_x\frac{\partial M_x}{\partial x} + M_y\frac{\partial M_x}{\partial y} = F_2 \\ \frac{T+\theta}{\bar{\rho}+\rho}\frac{\partial \rho}{\partial y} + \frac{1}{\bar{\rho}+\rho}\frac{\partial p_{\mathrm m}}{\partial y} + (U+u)\frac{\partial v}{\partial x} + v\frac{\partial v}{\partial y} + \frac{\partial \theta}{\partial y} - \frac{4\mu}{3(\bar{\rho}+\rho)Re}\frac{\partial^2 v}{\partial y^2} \\ + \overline{M}_x\frac{\partial M_y}{\partial x} + M_x\frac{\partial M_y}{\partial x} + M_y\frac{\partial M_y}{\partial y} = F_3 \\ (\bar{\rho}+\rho)(U+u)(C_p-1)\frac{\partial \theta}{\partial x} + (\bar{\rho}+\rho)v(C_p-1)\frac{\partial \theta}{\partial y} - (T+\theta)(U+u)\frac{\partial \rho}{\partial x} \\ -(T+\theta)v\frac{\partial \rho}{\partial y} - (U+u)\frac{\partial p_{\mathrm m}}{\partial x} - v\frac{\partial p_{\mathrm m}}{\partial y} - \frac{C_p\mu}{P_rRe}\frac{\partial^2 \theta}{\partial y^2} = F_4 \end{cases} \tag{6.2.9}$$

同时, 假设扰动非常微小: $u \ll U, v \ll U, \rho \ll \bar{\rho}, \| \boldsymbol H \| \ll | H_{0z} |$ 且 $\theta \ll T$. 从而, 得到如下线性磁流体扩散抛物化稳定性方程组:

$$\begin{cases} U\frac{\partial \rho}{\partial x} + \bar{\rho}\frac{\partial u}{\partial x} + \bar{\rho}\frac{\partial v}{\partial y} = F_1 \\ \frac{T}{\bar{\rho}}\frac{\partial \rho}{\partial x} + \frac{1}{\bar{\rho}}\frac{\partial p_{\mathrm m}}{\partial x} + U\frac{\partial u}{\partial x} + \frac{\partial \theta}{\partial x} - \frac{\mu}{\bar{\rho}Re}\frac{\partial^2 u}{\partial y^2} + \overline{M}_x\frac{\partial M_x}{\partial x} = F_2 \\ \frac{T}{\bar{\rho}}\frac{\partial \rho}{\partial y} + \frac{1}{\bar{\rho}}\frac{\partial p_{\mathrm m}}{\partial y} + U\frac{\partial v}{\partial x} + \frac{\partial \theta}{\partial y} - \frac{4\mu}{3\bar{\rho}Re}\frac{\partial^2 v}{\partial y^2} + \overline{M}_x\frac{\partial M_y}{\partial x} = F_3 \\ \bar{\rho}U(C_p-1)\frac{\partial \theta}{\partial x} - TU\frac{\partial \rho}{\partial x} - U\frac{\partial p_{\mathrm m}}{\partial x} - \frac{C_p\mu}{P_rRe}\frac{\partial^2 \theta}{\partial y^2} = F_4 \end{cases} \tag{6.2.10}$$

通过下文的特征和次特征分析可以知道, 方程组 (6.2.8) 和 (6.2.9) 联立即抛物型方程组, 且在亚声速区保留了剩余椭圆特性. 因此, 可称方程组 (6.2.8) 和 (6.2.9) 为磁流体扩散抛物化稳定性方程组.

6.3 铁磁流体抛物化稳定性方程组的椭圆特性分析

目前所使用的铁磁流体胶体混合物是一种液固两相流体, 它的基本组成是基载液体和悬浮着的固相磁性颗粒. 在研究铁磁流体时, 我们总是假定它是一种均匀的两相混合物, 并且由于铁磁流体是一种可以受磁场控制的流体, 所以它的磁化性能特别重要. 铁磁流体的磁化机制包含两个方面的因素: 一个是这些铁磁质颗粒内部因磁畴旋转而趋向于外磁场的方向; 另一个是极化的颗粒受磁场力的作用, 克服纷扰混乱的热运动而做沿外磁场方向的有序排列. 把铁磁流体作为一种均匀相流体来对待时, 外磁场对铁磁流体整体的作用将表现为彻体力的形式. 于是, 在均匀相铁磁流体的运动方程中将出现磁力项, 在能量守恒方程中将出现磁化功项. 只有表示质量守恒的连续性方程, 在形式上才与普通流体没有区别.

6.3.1 线性铁磁流体 PSE 的特征和次特征

流场存在两种信息传播方式, 一种是对流扩散传播, 另一种是对流扰动传播. 前一种由流体力学基本方程组或其简化方程组的特征 (主特征) 确定, 后一种由流体力学基本方程组去掉粘性项得到的微分方程组的特征 (次特征) 确定. 下面根据 Anderson 等 (1998) 研究的磁流体力学层次结构方程组的特征和次特征理论, 以及消除磁流体 PSE 剩余椭圆特性的问题, 记

$$\frac{\partial u}{\partial y} = U^{(y)}, \quad \frac{\partial v}{\partial y} = V^{(y)}, \quad \frac{\partial \theta}{\partial y} = \theta^{(y)} \tag{6.3.1}$$

这时, 线性扩散抛物化稳定性方程 (6.2.10) 可以表示为关于

$$Z = (\rho, u, U^{(y)}, v, V^{(y)}, \theta, \theta^{(y)}, M_x, M_y)$$

的一阶拟线性偏微分方程组

$$A\frac{\partial Z}{\partial x} + B\frac{\partial Z}{\partial y} = F \tag{6.3.2}$$

其中, A 和 B 为 9×9 阶矩阵.

$$
\boldsymbol{A} =
\begin{pmatrix}
U & \bar{\rho} & 0 & 0 & 0 & 0 & 0 & 0 & 0 \\
\dfrac{T}{\bar{\rho}} & U & 0 & 0 & 0 & 1 & 0 & \overline{M}_x & 0 \\
0 & 0 & 0 & U & 0 & 0 & 0 & 0 & \overline{M}_x \\
-TU & 0 & 0 & 0 & 0 & (C_p-1)\bar{\rho}U & 0 & 0 & 0 \\
0 & 1 & 0 & 0 & 0 & 0 & 0 & 0 & 0 \\
0 & 0 & 0 & 1 & 0 & 0 & 0 & 0 & 0 \\
0 & 0 & 0 & 0 & 0 & 1 & 0 & 0 & 0 \\
0 & 0 & 0 & 0 & 0 & 0 & 0 & M_x & 0 \\
0 & 0 & 0 & 0 & 0 & 0 & 0 & 0 & M_x
\end{pmatrix}
\tag{6.3.3}
$$

$$
\boldsymbol{B} =
\begin{pmatrix}
0 & 0 & 0 & \bar{\rho} & 0 & 0 & 0 & 0 & 0 \\
0 & 0 & -\dfrac{\mu}{\bar{\rho}Re} & 0 & 0 & 0 & 0 & 0 & 0 \\
\dfrac{T}{\bar{\rho}} & 0 & 0 & 0 & -\dfrac{4\mu}{3\bar{\rho}Re} & 1 & 0 & 0 & 0 \\
0 & 0 & 0 & 0 & 0 & 0 & -\dfrac{C_p\mu}{P_rRe} & 0 & 0 \\
0 & 0 & 0 & 0 & 0 & 0 & 0 & 0 & 0 \\
0 & 0 & 0 & 0 & 0 & 0 & 0 & 0 & 0 \\
0 & 0 & 0 & 0 & 0 & 0 & 0 & 0 & 0 \\
0 & 0 & 0 & 0 & 0 & 0 & 0 & 0 & 0 \\
0 & 0 & 0 & 0 & 0 & 0 & 0 & 0 & 0
\end{pmatrix}
\tag{6.3.4}
$$

拟线性偏微分方程组 (6.3.2) 的特征方程可以表示为

$$
\det(\sigma_1 a_{ij} + \sigma_2 b_{ij}) = 0 \tag{6.3.5}
$$

其中

$$
\det(\sigma_1 a_{ij} + \sigma_2 b_{ij}) = -\frac{4UC_p\mu^3}{3P_r\bar{\rho}^2 Re^3} M_x^2 \sigma_1^6 \sigma_2^3
$$

特征根为

$$
\sigma_1^6 = 0, \quad \sigma_2^3 = 0
$$

所有特征根为零, 表明抛物化稳定性方程组 (6.2.10) 为抛物型的. 通过类似的运算, 可以求得二维可压缩稳定性方程组 (6.2.7) 的特征根为

$$
\sigma_1^6 = 0, \quad \lambda_7 = \frac{v}{U+u}, \quad \lambda_{8,9} = \pm i, \quad \lambda_{10,11} = \pm i, \quad \lambda_{12,13} = \pm i
$$

其中, $\lambda = \sigma_1/\sigma_2$. σ_1 的六重零特征相应于二维可压缩稳定性方程组 (6.2.7) 和 (6.2.8) 中主部为 $\dfrac{\partial u}{\partial x}, \dfrac{\partial v}{\partial x}, \dfrac{\partial \theta}{\partial x}, M_x, M_y$ 的 6 个方程, 它们与方程组中其他 7 个方程的主部无关: 其他 7 个特征根除一个为实根外其余六个均为虚根, 因此二维可压缩稳定性方程组 (6.2.7) 为椭圆型.

下面将通过次特征与 Mach 数的关系, 说明线性扩散抛物化稳定性方程组 (6.2.10) 在亚声速区域, 保留了部分椭圆性质. 去掉线性抛物化稳定性方程组 (6.2.10) 的所有粘性项, 即可得到线性抛物化稳定性方程组 (6.2.10) 的次特征稳定性方程组

$$\begin{cases} U\dfrac{\partial \rho}{\partial x} + \bar{\rho}\dfrac{\partial u}{\partial x} + \bar{\rho}\dfrac{\partial v}{\partial y} = F_1 \\[2mm] \dfrac{T}{\bar{\rho}}\dfrac{\partial \rho}{\partial x} + \dfrac{1}{\bar{\rho}}\dfrac{\partial p_{\mathrm{m}}}{\partial x} + U\dfrac{\partial u}{\partial x} + \dfrac{\partial \theta}{\partial x} + \overline{M}_x\dfrac{\partial M_x}{\partial x} = F_2 \\[2mm] \dfrac{T}{\bar{\rho}}\dfrac{\partial \rho}{\partial y} + \dfrac{1}{\bar{\rho}}\dfrac{\partial p_{\mathrm{m}}}{\partial y} + U\dfrac{\partial v}{\partial x} + \dfrac{\partial \theta}{\partial y} + \overline{M}_x\dfrac{\partial M_y}{\partial x} = F_3 \\[2mm] \bar{\rho}U(C_p - 1)\dfrac{\partial \theta}{\partial x} - TU\dfrac{\partial \rho}{\partial x} - U\dfrac{\partial p_{\mathrm{m}}}{\partial x} = F_4 \end{cases} \tag{6.3.6}$$

记 $\boldsymbol{Z} = (\rho, u, v, \theta, M_x, M_y)$, 则可以将上述次特征稳定性方程组化为如下一阶拟线性偏微分方程组

$$\boldsymbol{A}\dfrac{\partial \boldsymbol{Z}}{\partial x} + \boldsymbol{B}\dfrac{\partial \boldsymbol{Z}}{\partial y} = \boldsymbol{F} \tag{6.3.7}$$

其中, $\boldsymbol{A}$ 和 $\boldsymbol{B}$ 为 6×6 阶矩阵

$$\boldsymbol{A} = \begin{pmatrix} U & \bar{\rho} & 0 & 0 & 0 & 0 \\ \dfrac{T}{\bar{\rho}} & U & 0 & 1 & \overline{M}_x & 0 \\ 0 & 0 & U & 0 & 0 & \overline{M}_x \\ -TU & 0 & 0 & (C_p-1)\bar{\rho}U & 0 & 0 \\ 0 & 0 & 0 & 0 & M_x & 0 \\ 0 & 0 & 0 & 0 & 0 & M_x \end{pmatrix} \tag{6.3.8}$$

$$\boldsymbol{B} = \begin{pmatrix} 0 & 0 & \bar{\rho} & 0 & 0 & 0 \\ 0 & 0 & 0 & 0 & 0 & 0 \\ \dfrac{T}{\bar{\rho}} & 0 & 0 & 1 & 0 & 0 \\ 0 & 0 & 0 & 0 & 0 & 0 \\ 0 & 0 & 0 & 0 & 0 & 0 \\ 0 & 0 & 0 & 0 & 0 & 0 \end{pmatrix} \tag{6.3.9}$$

次特征方程为

$$\det(\sigma_1 a_{ij} + \sigma_2 b_{ij}) = \bar{\rho}^2 U^2 (C_p - 1) M_x^2 \sigma_1^4 [(U^2 - a^2)\sigma_1^2 - a^2\sigma_2^2] = 0 \qquad (6.3.10)$$

其中, 定义 $\dfrac{TC_p}{C_p - 1} = a^2$, a 为声速. 由上式可得次特征根为

$$\sigma_1^4 = 0, \quad \lambda_{5,6} = \pm\frac{1}{\sqrt{M_u^2 - 1}}$$

其中, $\lambda = \sigma_1/\sigma_2$, $M_u = U/a$ 为未扰流方向的 Mach 数. 显然, 次特征与 Mach 数有关. 若 $M_u > 1$, 则次特征为实根, 说明线性 PSE 为双曲抛物型. 若 $M_u < 1$, 则次特征为复根, 说明线性 PSE 存在剩余椭圆特性. 显然, 剩余椭圆特性不是由粘性耗散项引起的. 我们将在 6.4 节讨论消除线性 PSE 的剩余椭圆特性的方法.

6.3.2　非线性铁磁流体 PSE 的特征和次特征

下面分析非线性 PSE(6.2.9) 的特征和次特征, 进而分析线性 PSE 和非线性 PSE 的次特征的差别, 讨论非线性 PSE 的次特征和 Mach 数的关系. 记

$$\boldsymbol{Z} = (\rho, u, U^{(y)}, v, V^{(y)}, \theta, \theta^{(y)}, M_x, M_y)$$

将非线性抛物化稳定性方程组 (6.2.8) 和 (6.2.9) 化为一阶拟线性偏微分方程组

$$\boldsymbol{A}\frac{\partial \boldsymbol{Z}}{\partial x} + \boldsymbol{B}\frac{\partial \boldsymbol{Z}}{\partial y} = \boldsymbol{F} \qquad (6.3.11)$$

其特征方程为

$$\det(\sigma_1 a_{ij} + \sigma_2 b_{ij}) = -\frac{4C_p\mu^3}{3P_r(\bar{\rho} + \rho)^2 Re^3}[(U + u)\sigma_1 + v\sigma_2]M_x^2\sigma_1^5\sigma_2^3 \qquad (6.3.12)$$

特征根为

$$\lambda_1 = \frac{v}{U + u}, \quad \sigma_1^5 = 0, \quad \sigma_2^3 = 0$$

所有特征根均为实根, 表明非线性扩散抛物化稳定性方程组 (6.2.9) 整体来说是双曲抛物型. 下面通过次特征与 Mach 数的关系, 说明非线性扩散抛物化稳定性方程组 (6.2.9) 实质上是在亚声速区域, 保留了部分椭圆性质.

去掉非线性扩散抛物化稳定性方程组 (6.2.9) 的全部粘性项, 即可得到非线性磁流体 PSE 的次特征稳定性方程组

$$\begin{cases} (U+u)\dfrac{\partial \rho}{\partial x} + v\dfrac{\partial \rho}{\partial y} + (\bar{\rho}+\rho)\dfrac{\partial u}{\partial x} + (\bar{\rho}+\rho)\dfrac{\partial v}{\partial y} = F_1 \\[2mm] \dfrac{T+\theta}{\bar{\rho}+\rho}\dfrac{\partial \rho}{\partial x} + \dfrac{1}{\bar{\rho}+\rho}\dfrac{\partial p_{\mathrm{m}}}{\partial x} + (U+u)\dfrac{\partial u}{\partial x} + v\dfrac{\partial u}{\partial y} + \dfrac{\partial \theta}{\partial x} \\[2mm] +\overline{M}_x\dfrac{\partial M_x}{\partial x} + M_x\dfrac{\partial M_x}{\partial x} + M_y\dfrac{\partial M_x}{\partial y} = F_2 \\[2mm] \dfrac{T+\theta}{\bar{\rho}+\rho}\dfrac{\partial \rho}{\partial y} + \dfrac{1}{\bar{\rho}+\rho}\dfrac{\partial p_{\mathrm{m}}}{\partial y} + (U+u)\dfrac{\partial v}{\partial x} + v\dfrac{\partial v}{\partial y} + \dfrac{\partial \theta}{\partial y} \\[2mm] +\overline{M}_x\dfrac{\partial M_y}{\partial y} + M_x\dfrac{\partial M_y}{\partial x} + M_y\dfrac{\partial M_y}{\partial y} = F_3 \\[2mm] (\bar{\rho}+\rho)(U+u)(C_p-1)\dfrac{\partial \theta}{\partial x} + (\bar{\rho}+\rho)v(C_p-1)\dfrac{\partial \theta}{\partial y} - (T+\theta)(U+u)\dfrac{\partial \rho}{\partial x} \\[2mm] -(T+\theta)v\dfrac{\partial \rho}{\partial y} - (U+u)\dfrac{\partial p_{\mathrm{m}}}{\partial x} - v\dfrac{\partial p_{\mathrm{m}}}{\partial y} = F_4 \end{cases} \tag{6.3.13}$$

将上述次特征稳定性方程组表示为关于 $\boldsymbol{Z} = (\rho, u, v, \theta, M_x, M_y)$ 的一阶拟线性偏微分方程组

$$\boldsymbol{A}\frac{\partial \boldsymbol{Z}}{\partial x} + \boldsymbol{B}\frac{\partial \boldsymbol{Z}}{\partial y} = \boldsymbol{F} \tag{6.3.14}$$

其次特征方程为

$$\det(\sigma_1 a_{ij} + \sigma_2 b_{ij}) = M_x^2(\bar{\rho}+\rho)[(U+u)\sigma_1 + v\sigma_2]^2(C_p-1)$$

$$\{[(U+u)^2 - a^2]\lambda^2 + 2v(U+u)\lambda + v^2 - (T+\theta)\}\sigma_1^2 \tag{6.3.15}$$

其中

$$\lambda = -\frac{\sigma_1}{\sigma_2}, \quad a^2 = \frac{(T+\theta)C_p}{C_p-1}$$

a 为声速. 根据次特征方程 (6.3.15), 可以得到如下 6 个特征根:

$$\sigma_1^2 = 0$$

$$\lambda_{3,4} = \frac{v}{U+u}$$

$$\lambda_{5,6} = \frac{M_v M_{U+u} \pm \sqrt{M_v^2 M_{U+u}^2 + M_{U+u}^2 - 1}}{\sqrt{M_{U+u}^2 - 1}}$$

其中, $M_v = v/a$ 为法向 Mach 数, $M_{U+u} = (U+u)/a$ 为流向 Mach 数. 从特征根 $\lambda_{3,4}$ 可以看出, 非线性 PSE 的次特征与 Mach 数 M_{U+u} 有关. 若 $M_{U+u} > 1$, 次特征根为实数, 从而非线性 PSE 为抛物型的. 若 $M_{U+u} < 1$, 次特征根为复数, 从而非线性 PSE 为椭圆型的.

6.4　消除 PSE 的剩余椭圆特性途径

根据特征和次特征理论, 消除磁流体 PSE 的剩余椭圆特性发现, 对线性 PSE, 其次特征与 Mach 数 M_U 有关, 若 $M_U > 1$, 则次特征为实根, 说明线性 PSE 的次特征方程组为完全双曲抛物型. 若 $M_U < 1$, 则次特征为复根, 说明线性磁流体 PSE 保留了 (剩余) 椭圆特性. 显然, 椭圆特性不是由粘性耗散项引起的. 由特征次特征理论知, 去掉方程 (6.2.10) 第 1 个方程中扰动速度 u 在主流方向的偏导数 $\bar{\rho}\partial u/\partial x$(或者去掉方程 (6.2.10) 第 2 个方程中 $(T/\bar{\rho})\partial\rho/\partial x$, 或者去掉方程 (6.2.10) 第 3 个方程中 $(T/\bar{\rho})\partial\rho/\partial y$, 即可消除线性磁流体 PSE 的剩余椭圆特性. 事实上, 线性磁流体 PSE 经上述运算后次特征根简化为

$$\sigma_1^4 = 0, \quad \lambda_{5,6} = \pm\frac{a}{U} \tag{6.4.1}$$

次特征根均为实根, 表明线性磁流体 PSE 为双曲-抛物型. 因此, 线性磁流体 PSE 已经完全抛物化.

同样, 可以利用特征次特征分析消除非线性磁流体 PSE 的椭圆特性. 非线性磁流体 PSE 的次特征与 Mach 数 M_{U+u} 有关, 若 $M_{U+u} > 1$, 次特征根为实数, 从而非线性 PSE 为抛物型的. 若 $M_{U+u} < 1$, 次特征根为复数, 说明非线性磁流体 PSE 也保留了 (剩余) 椭圆型的. 显然, 椭圆性不是由粘性耗散项引起的. 由特征次特征理论知, 去掉方程 (6.2.9) 第 1 个方程中扰动速度 u 在主流方向的偏导数 $(\bar{\rho}+\rho)\partial u/\partial x$, 即可消除非线性磁流体 PSE 的剩余椭圆特性. 事实上, 非线性磁流体 PSE 经过上述"去掉"运算后特征根简化为

$$\sigma_1^2 = 0,$$
$$\lambda_{3,4} = \frac{v}{U+u},$$
$$\lambda_{5,6} = \frac{-M_v \pm 1}{M_{U+u}}.$$

次特征根均为实根, 表明非线性磁流体 PSE 为双曲-抛物型. 因此, 非线性磁流体 PSE 已经完全抛物化.

参 考 文 献

高智. 1982. 无粘外流和粘性边界层联立求解、无粘外尾流和粘性内尾流联立求解方案. 中国科学院力学研究所科技报告, 1967. 详细摘要: 简化 Navier-Stokes 方程组下无粘流与粘性边界层联立求解, 力学学报, 14(6): 606-611.

高智. 1987. 简化 Navier-Stokes 方程的层次结构及其力学内涵和应用. 中国科学 (A 辑), 10: 1058-1070.

高智. 2000. 强粘性流动理论和流体运动诸方程组的简化计算. 北京计算流体力学讨论会文集 (第十二辑), 1-10.

高智, 周光炯. 2001. 高雷数流动理论、算法和应用的若干研究进展. 力学进展, 31(3): 417-436.

庄逢甘, 张德良. 2003. 扩散抛物化 (DP) NS 方程组的意义及其在计算流体力学中的应用. 空气动力学学报, 21(1): 1-10.

Anderson D A, Tannehill J C, Pletcher R H. 1998. Computational Fluid Mechanics and Heat Transfer. Washington: Hemisphere McCraw Hill.

Baldwin B S, Lomax H. 1978. Thin Layer Approximation and Algebraic Model for Separated Turbulent Flows. New York: AAIA.

Cebeci J, Cousteix J. 1999. Modeling and Computation of Boundary-layer Flows. New York: Springer.

Chang C L, Malik M R, Erleracher G, et al. 1991. Compressible stability of growing boundary layers using parabolic stability equations. New York: AAIA.

Cheung L C, Zaki T A. 2011. A nonlinear PSE method for two-fluid shear flows with complex interfacial topology. Journal of Computational Physics, 230(17): 6756-6777.

David T, Ardeshir H, Henningson D S. 2010. Spatial optimal growth in three-dimensional boundary layers. Journal of Fluid Mechanics, 646(7): 5-37.

Davis R T. 1970. Numerical solution of the hypersonic viscous shock-layer equations. AIAA Journal, 8(5): 843-851.

Davis R T, Fluggelotyz I. 1964. Second-order boundary-layer effects in hypersonic flow past axisymametrlc blunt bodies. Journal of Fluid Mechanics, 20(4): 593-623.

Gao Z. 1999. Computational methods for discrete fluid dynamics(DFD). New York: AAIA.

Golovachev Y P, Kuzmin A, Popov F D. 1973. Calculation of hypersonic viscous flow past blunt body using the complete and simplified Navier-Stokos equations. Zh. Vychisl. Mat. Mat. Fiz., 13(4): 21-35.

Gosman A D, Spalding D B. 1971. The prediction of confined three-dimensional boundary layers// Livesey J L. Salford Symposium on Internal Flows(paper 19). London：Proc Inst. Mech. Engrs.

Haj-Hariri H. 1994. Characteristics analysis of the parabolic stability equations. Stud. Appl. Math., 92(1): 41-53.

Herbert T. 1997. Parabolized stability equations. Annu. Rev. Fluid Mech., 29: 245-283.

Herbert T h, Bertolotti F P. 1987. Stability analysis of non-parallel boundary layers. Bull American Phys. Soc., 32: 2097.

Li M J, Gao Z. 2003. Analysis and application of ellipticity of stablity equations on fluid mechanics. Applied Mathematics and Mechanics, 24(11): 1334-1341.

Li M J, Yamaguchi H, Niu X-D. 2010. The principle of pressure decomposed for flow over a flat plate and its application on the magnetic fluids. Physics Procedia, 9: 113-116.

Patankar S V, Spalding D B. 1972. A calculation procedure for heat, mass and momentum transfer in three-dimensional parabolic flows. Int. J. Heat Mass Transfer, 15: 1787-1806.

Pratap V S, Spalding D B. 1976. Fluid flow and heat transfer in three-dimensional duct flows. Int. J. Heat Mass Tranfer, 19: 1183-1188.

Rosensweig R E. 1985. Ferrohydrodynamics. Cambridge: Cambridge University Press.

Rudman S, Rubin S G. 1968. Hypersonic viscous flow over slender bodies with sharp leading edges. AIAA Journal, 6: 1883-1889.

Schlichting H. 1979. Boundary-layer Theory. 7th ed. New York: McGraw-Hill.

Tolstykh A I. 1969. Aerodynamic characteristics of cooled spherical nose in slightly rarefied hypersonic gas flow. Fluid Dynamics, 4(6): 110-112.

Yamaguchi H. 2008. Engineering Fluid Mechanics. New York: Springer.

第 7 章　铁磁流体热传导模型问题

铁磁流体是一类超顺磁性纳米粒子, 借助表面活性剂稳定地分散于载液中的胶体溶液, 它具有一些独特的性质 (王煦漫等, 2005). 例如, 在交变磁场下铁磁流体可将磁能转化为热能. 铁磁性粒子在交变磁场中的热效应影响因素的研究成为当前材料研究开发的重点研究课题之一. 已有的研究结果发现, 铁磁粒子的一些物理化学特性 (如磁性能、粒径、化学成分、表面处理、分散状态以及外磁场等因素) 都会显著影响热效应, 但研究不够系统, 且某些结论相互矛盾 (Molday, 1984).

采用 Molday 的方法合成了一系列的 Fe_3O_4 纳米粒子, 研究了粒径、表面活性剂及交变磁场强度对热效应的影响, 试图全面阐述上述参数对磁性粒子产热性能的影响. 用单位质量的磁性材料在单位时间内产生的热量 (specific absorption rate, SAR) 来表征其热效应的大小.

根据 Rosensweig 的理论, 磁性粒子在交变磁场中的功率损耗 P 的表达式如下:

$$P = \pi\mu_0\chi_0 H_0^2 f \frac{2\pi f\tau}{1 + (2\pi f\tau)^2}, \tag{7.0.1}$$

式中, μ_0 为真空磁导率, χ_0 为平衡磁化率, H_0 为交变磁场的强度, f 为交变磁场的频率, τ 为弛豫时间. 当磁场的频率较低时, $f\tau \ll 1$, 则公式 (7.0.1) 可简化为

$$P = 2\pi^2\mu_0\chi_0\tau f^2 H_0^2, \tag{7.0.2}$$

可见弛豫时间是影响 P 的重要因素, 对于粒径在 10nm 以下的 Fe_3O_4 粒子, 其损耗主要由尼尔弛豫引起 (Rosensweig, 2002).

N 扩散时间 (尼尔弛豫时间) 计算公式如下:

$$\tau_N = \frac{\sqrt{\pi}}{2}\tau_0 \frac{\exp\Gamma}{\Gamma^{3/2}}, \quad \Gamma = \frac{KV_M}{k_B T}, \tag{7.0.3}$$

式 (7.0.3) 中 τ_0 通常为 10^{-9}s, K 为磁各向异性常数, V_M 为磁粒子的体积, k_B 为玻尔兹曼常量, T 为绝对温度. 由以上公式可知, 随着 Fe_3O_4 粒子体积的增加, 弛豫时间也随之增加, 从而引起 P 的增加, 即 SAR 的增加. 因此, 适当增加粒子的体积, 可提高其热效应. 但如果体积过大, 反而会造成 SAR 的下降 (Hergt et al., 1998).

本章首先对封闭方腔内的自然对流以及两平板间的热传导两种铁磁流体热传导问题进行建模, 然后通过数值求解研究外界磁场对这两种铁磁流体热传导模型的影响, 进一步对铁磁流体热传导方程组进行扩散抛物化简化, 数值分析了扩散抛物化简化的合理性.

7.1　模型方程

假设铁磁流体中的磁感应强度 $\boldsymbol{B}$, 磁场强度 $\boldsymbol{H}$, 磁化强度 $\boldsymbol{M}$ 三者平行, 即

$$\boldsymbol{B} = \mu_0(\boldsymbol{H} + \boldsymbol{M}), \tag{7.1.1}$$

其中, μ_0 为真空磁导率. 铁磁流体磁化过程是瞬态的, 所考虑的温度远低于居里温度, 且铁磁流体是线性磁性液体, 即有

$$M = M(v, H), \quad \frac{\partial Mv}{\partial v} = 0. \tag{7.1.2}$$

其中, v 为比容. 假设铁磁流体为不导电且不存在电场, 磁感应强度 $\boldsymbol{B}$ 和磁场强度 $\boldsymbol{H}$ 满足的麦克斯韦方程组为

$$\nabla \cdot \boldsymbol{B} = 0, \quad \nabla \times \boldsymbol{H} = 0. \tag{7.1.3}$$

铁磁流体满足 Boussinesq 假设

$$\rho(T) = \rho_0(1 - \beta(T - T_0)), \tag{7.1.4}$$

其中, T 是温度, ρ_0 是温度为 T_0 时的密度, β 为体积膨胀系数. 由李德才 (2003) 和 Yamaguchi 等 (2002) 所著文献可知不可压缩铁磁流体此时满足的基本方程为

$$\begin{cases} \nabla \cdot \boldsymbol{u} = 0, \\ \rho_0 \left[\dfrac{\partial \boldsymbol{u}}{\partial t} + (\boldsymbol{u} \cdot \nabla)\boldsymbol{u} \right] = -\nabla p + \eta \Delta \boldsymbol{u} + \rho(T)\boldsymbol{g} + \mu_0 \boldsymbol{M} \cdot \nabla \boldsymbol{H}. \\ \rho_0 C_p \left[\dfrac{\partial T}{\partial t} + (\boldsymbol{u} \cdot \nabla)T \right] + \mu_0 T \left(\dfrac{\partial \boldsymbol{M}}{\partial T} \right) \cdot \left(\dfrac{\partial \boldsymbol{H}}{\partial t} + \boldsymbol{u} \cdot \nabla \boldsymbol{H} \right) = \lambda \nabla^2 T. \end{cases} \tag{7.1.5}$$

其中, C_p 为特殊热容, λ 为热传导系数. 因为所考虑的温度远低于居里温度, 所以 $\dfrac{\partial \boldsymbol{M}}{\partial T} = 0$, 于是温度满足的方程简化为

$$\rho_0 C_p \left[\frac{\partial T}{\partial t} + (\boldsymbol{u} \cdot \nabla)T \right] = \lambda \nabla^2 T. \tag{7.1.6}$$

为了获得基本方程无量纲形式, 引入四个无量纲参数: Pr 为普朗特数 (Prandtl number), Re 为雷诺数 (Reynolds number), Ra 为瑞利数 (Rayleigh number), Ra_{m} 为磁瑞利数 (magnetic Rayleigh number), 其定义如下:

$$Pr := \frac{\eta/\rho_0}{\lambda/(\rho_0 C_p)} = \nu/\kappa, \quad Re := \frac{UL}{\nu},$$

$$Ra := \frac{\rho_0^2 g\beta(T_h - T_c)L^3}{\eta^2}Pr, \quad Ra_{\mathrm{m}} := \frac{\mu_0 H_r M_r L^2}{\nu\eta}Pr,$$

其中, $\nu = \mu/\rho_0$ 为运动学粘性系数, κ 为热扩散系数. 此时铁磁流体 NS 方程组 (7.1.5) 的无量纲分量形式为

$$\begin{cases} \dfrac{\partial u}{\partial x} + \dfrac{\partial v}{\partial y} = 0, \\[2mm] \dfrac{\partial u}{\partial t} + u\dfrac{\partial u}{\partial x} + v\dfrac{\partial u}{\partial y} = -Pr\dfrac{\partial p}{\partial x} + \dfrac{1}{Re}\left(\dfrac{\partial^2 u}{\partial x^2} + \dfrac{\partial^2 u}{\partial y^2}\right) + Ra_{\mathrm{m}}PrM\dfrac{\partial H}{\partial x}, \\[2mm] \dfrac{\partial v}{\partial t} + u\dfrac{\partial u_y}{\partial x} + v\dfrac{\partial v}{\partial y} = -Pr\dfrac{\partial p}{\partial y} + \dfrac{1}{Re}\left(\dfrac{\partial^2 v}{\partial x^2} + \dfrac{\partial^2 v}{\partial y^2}\right) + Ra_{\mathrm{m}}PrM\dfrac{\partial H}{\partial y} + RaPrT, \\[2mm] \dfrac{\partial T}{\partial t} + u\dfrac{\partial T}{\partial x} + v\dfrac{\partial T}{\partial y} = \dfrac{\partial^2 T}{\partial x^2} + \dfrac{\partial^2 T}{\partial y^2}. \end{cases} \quad (7.1.7)$$

7.2 铁磁流体扩散抛物化方程组

首先针对传热问题的铁磁流体 NS 方程组 (7.1.7), 利用高智的扩散抛物化理论获得铁磁流体扩散抛物化方程组. 之后根据在外磁场作用下两平板间铁磁流体热传导问题, 利用铁磁流体扩散抛物化方程组进行数值模拟, 以便数值验证采用铁磁流体扩散抛物化方程组描述铁磁流体热传导问题的合理性.

7.2.1 定解条件及其参数取值

图 7.1 为两平板间运动铁磁流体热传导的几何模型. 考虑到该模型的对称性, 我们可以只研究垂直于平板的截面, 所以该模型简化为二维情形. 我们记沿平板从左到右的方向为 x 方向, 垂直于平板向上的方向为 y 方向. 流体运动和磁场满足的无量纲方程组为式 (7.1.1)∼ 式 (7.1.3) 以及式 (7.1.7).

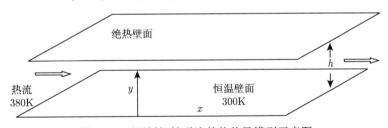

图 7.1 两平板间铁磁流体热传导模型示意图

记 $\Omega = [0,3] \times [0,1]$ 为计算的集合区域, 边界为 $\Gamma = \Gamma_1 \cup \Gamma_2 \cup \Gamma_3 \cup \Gamma_4$, 其中 $\Gamma_1, \Gamma_2, \Gamma_3, \Gamma_4$ 仍表示下、右、上、左四个边界, 则两平板间运动铁磁流体热传导模型的边界条件如下所示.

(1) 速度 $\boldsymbol{u} = (u, v)$ 在上下边界满足固壁边界条件, 即

$$\boldsymbol{u} = 0, \quad (x, y) \in \varGamma_1 \cup \varGamma_3.$$

(2) 速度在左边界满足入口边界条件, 在右边界满足出口边界条件, 即

$$\boldsymbol{u} = \boldsymbol{u}_0, \quad (x, y) \in \varGamma_4,$$

$$\nabla \boldsymbol{u} \cdot \boldsymbol{n} = 0, \quad (x, y) \in \varGamma_2,$$

其中, $\boldsymbol{u}_0$ 为给定的速度.

(3) 温度在下界面和左界面为 Drichlet 边界条件, 即

$$T = 300, \quad (x, y) \in \varGamma_1, \quad T = 380, \quad (x, y) \in \varGamma_4.$$

(4) 温度在上界面和右界面为 von Neumann 边界条件, 即

$$\frac{\partial T}{\partial n} = 0, \quad (x, y) \in \varGamma_2 \cup \varGamma_3.$$

外磁场强度给定, 相应的参数取值 (国际标准单位制) 见表 7.1.

表 7.1   方程中相应的参数取值

相应参数	取值
动力学粘性系数 η	$10^{-3} \mathrm{kg/(m \cdot s)}$
密度 ρ_0	$10^3 \mathrm{kg/m^3}$
热扩散系数 κ	$10^{-7} \mathrm{m^2/s}$
热膨胀系数 β	$5 \times 10^{-4} \mathrm{K^{-1}}$
重力加速度 g	$10 \mathrm{kg \cdot m/s}$

7.2.2   铁磁流体基本方程组的层次结构

为了对铁磁流体 NS 方程组 (7.1.7) 进行量纲分析, 对各物理量的无量纲变量尺度作如下规定:

$$t \sim Re^{-n_t}, \quad x \sim Re^{-n_x}, \quad y \sim Re^{-n_y}, \quad u \sim Re^{-n_u},$$
$$v \sim Re^{-n_v}, \quad p\bar{u}_x \sim Re^{-n_p}, \quad T \sim Re^{-n_T}, \quad Pr \sim Re^{-1}, \tag{7.2.1}$$

其中, n_a 表示变量 a 的尺度指数, 例如, n_t 表示时间尺度的尺度指数等.

而且假定 $Ra_m Pr M \nabla H$ 和 $Ra Pr T$ 的量级不小于最大惯性项 $u \dfrac{\partial u}{\partial x}$ 的量级. 由连续性方程可知 $\dfrac{\partial u}{\partial t} \sim u \dfrac{\partial u}{\partial x}$ 以及 $u \dfrac{\partial u}{\partial x} \sim Pr \dfrac{\partial p}{\partial x}$, 则有

$$-n_u + n_x = -n_v + n_y, \quad n_t = -n_u + n_x, \quad n_p = 2u - 1. \tag{7.2.2}$$

由式 (7.2.1) 和式 (7.2.2), 可知方程组 (7.1.7) 中诸项的量级, 并在方程相应项下方标出

$$
\begin{cases}
\underset{Re^{-n_u+n_x}}{\dfrac{\partial u}{\partial x}} + \underset{Re^{-n_v+n_y}}{\dfrac{\partial v}{\partial y}} = 0, \\[2mm]
\underset{Re^{-n_u+n_t}}{\dfrac{\partial u}{\partial t}} + \underset{Re^{-2n_u+n_x}}{u\dfrac{\partial u}{\partial x}} + \underset{Re^{-n_u-n_v+n_y}}{v\dfrac{\partial u}{\partial y}} \\[2mm]
= \underset{Re^{-1-n_p+n_x}}{-Pr\dfrac{\partial p}{\partial x}} + \underset{Re^{-1-n_u+2n_x}}{\dfrac{1}{Re}\dfrac{\partial^2 u}{\partial x^2}} + \underset{Re^{-1-n_u+2n_y}}{\dfrac{1}{Re}\dfrac{\partial^2 u}{\partial y^2}} + Ra_{\mathrm m}PrM\dfrac{\partial H}{\partial x}, \\[2mm]
\underset{Re^{-n_v+n_y}}{\dfrac{\partial v}{\partial t}} + \underset{Re^{-n_u-n_v+n_x}}{u\dfrac{\partial v}{\partial x}} + \underset{Re^{-2n_v+n_y}}{v\dfrac{\partial v}{\partial y}} \\[2mm]
= \underset{Re^{-1-n_p+n_y}}{-Pr\dfrac{\partial p}{\partial y}} + \underset{Re^{-1-n_v+2n_x}}{\dfrac{1}{Re}\dfrac{\partial^2 v}{\partial x^2}} + \underset{Re^{-1-n_v+2n_y}}{\dfrac{1}{Re}\dfrac{\partial^2 v}{\partial y^2}} + Ra_{\mathrm m}PrM\dfrac{\partial H}{\partial y} + RaPrT, \\[2mm]
\underset{Re^{-n_T+n_t}}{\dfrac{\partial T}{\partial t}} + \underset{Re^{-n_u-n_T+n_x}}{u\dfrac{\partial T}{\partial x}} + \underset{Re^{-n_v-n_T+n_y}}{v\dfrac{\partial T}{\partial y}} = \underset{Re^{-n_T+2n_x}}{\dfrac{\partial^2 T}{\partial x^2}} + \underset{Re^{-n_T+2n_y}}{\dfrac{\partial^2 T}{\partial y^2}}.
\end{cases}
\tag{7.2.3}
$$

由高智 (1998) 所著文献知, 对方程组 (7.1.7) 简化的前提条件为:

(1) 特征雷诺数 $Re > 1$;

(2) 存在主流方向, 也就是说, x 方向速度远大于 y 方向速度, 即

$$
n_v > n_u \geqslant 0, \quad u \sim Re^{-n_u} > v \sim Re^{-n_v}. \tag{7.2.4}
$$

故由方程组 (7.1.7) 的连续性方程有

$$
Re^{-n_x} > Re^{-n_y}, \quad n_y > n_x \geqslant 0. \tag{7.2.5}
$$

首先, 考虑最大惯性项与最大粘性项具有相同量级, 即当

$$
u\frac{\partial u}{\partial x} \sim \frac{1}{Re}\frac{\partial^2 u}{\partial y^2}
$$

时, 方程组 (7.2.3) 诸尺度指数 n_u, n_x 等满足如下关系:

$$
\begin{aligned}
-n_u + n_t = -2n_u + n_x &> -2n_u + 2n_x - n_y \\
&> -2n_u + 3n_x - 2n_y > -2n_u + 4n_x - 3n_y.
\end{aligned}
\tag{7.2.6}
$$

连续性方程为基本守恒方程. 由于温度扩散为各向同性, 一般认为温度方程也为基本方程与运动方程的量级保持一致. 下面根据关系式 (7.2.6), 将铁磁流体热传导的运动方程组分为以下四个层次.

(1) 铁磁流体热传导方程组诸项保留到 $O(Re^{-2n_u+n_x})$ 量级. 这与一般流体的边界层方程相似, 此时, 运动方程组 (7.2.3) 简化为

$$\begin{cases} \dfrac{\partial u}{\partial t} + u\dfrac{\partial u}{\partial x} + u_v\dfrac{\partial u}{\partial y} = -Pr\dfrac{\partial p}{\partial x} + \dfrac{1}{Re}\dfrac{\partial^2 u}{\partial y^2} + Ra_{\mathrm m}PrM\dfrac{\partial H}{\partial x}, \\[3mm] \dfrac{\partial p}{\partial y} = Ra_{\mathrm m}M\dfrac{\partial H}{\partial y} + RaT. \end{cases} \quad (7.2.7)$$

(2) 铁磁流体热传导方程组诸项保留到 $O(Re^{-2n_u+2n_x-n_y})$ 量级. 此时 NS 方程组 (7.2.3) 的运动方程简化为

$$\begin{cases} \dfrac{\partial u}{\partial t} + u\dfrac{\partial u}{\partial x} + v\dfrac{\partial u}{\partial y} = -Pr\dfrac{\partial p}{\partial x} + \dfrac{1}{Re}\dfrac{\partial^2 u}{\partial y^2} + Ra_{\mathrm m}PrM\dfrac{\partial H}{\partial x}, \\[3mm] \dfrac{\partial v}{\partial t} + u\dfrac{\partial v}{\partial x} + v\dfrac{\partial v}{\partial y} = -Pr\dfrac{\partial p}{\partial y} + \dfrac{1}{Re}\dfrac{\partial^2 v}{\partial y^2} + Ra_{\mathrm m}PrM\dfrac{\partial H}{\partial y} + RaPrT. \end{cases} \quad (7.2.8)$$

该方程的均流体力学形式首先由高智获得, 就是熟知的扩散抛物化方程组 (DPEs). 故可以称该方程为铁磁流体扩散抛物化方程组.

(3) 铁磁流体热传导方程组诸项保留到 $O(Re^{-2n_u+3n_x-2n_y})$ 量级, 运动方程组 (7.2.3) 简化为

$$\begin{cases} \dfrac{\partial u}{\partial t} + u\dfrac{\partial u}{\partial x} + v\dfrac{\partial u}{\partial y} = -Pr\dfrac{\partial p}{\partial x} + \dfrac{1}{Re}\left(\dfrac{\partial^2 u}{\partial x^2} + \dfrac{\partial^2 u}{\partial y^2}\right) + Ra_{\mathrm m}PrM\dfrac{\partial H}{\partial x}, \\[3mm] \dfrac{\partial v}{\partial t} + u\dfrac{\partial v}{\partial x} + v\dfrac{\partial v}{\partial y} = -Pr\dfrac{\partial p}{\partial y} + \dfrac{1}{Re}\dfrac{\partial^2 v}{\partial y^2} + Ra_{\mathrm m}PrM\dfrac{\partial H}{\partial y} + RaPrT. \end{cases} \quad (7.2.9)$$

这与高智 (1988) 所著文献中提到的部分抛物化方程类型一致.

(4) 最后, 铁磁流体热传导方程组诸项保留到 $O(Re^{-2n_u+4n_x-3n_y})$ 量级, 这时所有项均保留下来. 铁磁流体运动方程组就是 NS 方程组 (7.2.3).

如果我们重点考虑无粘区域向粘性区域的过渡, 这时假定最小量级的惯性项与最大量级粘性项相当, 即 $\dfrac{1}{Re}\dfrac{\partial^2 u}{\partial y^2} < u\dfrac{\partial v}{\partial x}$, 这时方程组 (7.2.3) 诸尺度指数 n_u, n_x 等满足如下关系:

$$\begin{aligned} -n_u + n_t = -2n_u + n_x &> -n_v + n_t = -2n_v + n_x \\ &> -1 - n_u + 2n_y > -1 - n_u + n_y + n_x \\ &> -1 - n_u + 2n_x > -1 - n_u + 2n_x + n_x - n_y. \end{aligned} \quad (7.2.10)$$

此时, 铁磁流体热传导的其他方程组可被分为以下五个层次.

(1) 铁磁流体热传导方程组诸项保留到 $O(Re^{-2n_v+n_x})$ 量级, 此时运动方程组

为

$$
\begin{cases}
\dfrac{\partial u}{\partial t} + u\dfrac{\partial u}{\partial x} + v\dfrac{\partial u}{\partial y} = -Pr\dfrac{\partial p}{\partial x} + Ra_{\mathrm{m}}PrM\dfrac{\partial H}{\partial x}, \\[2mm]
\dfrac{\partial v}{\partial t} + u\dfrac{\partial v}{\partial x} + v\dfrac{\partial v}{\partial y} = -Pr\dfrac{\partial p}{\partial y} + Ra_{\mathrm{m}}PrM\dfrac{\partial H}{\partial y} + RaPrT.
\end{cases}
\tag{7.2.11}
$$

这和普通流体的 Euler 方程组相似, 称为铁磁流体 Euler 方程组.

(2) 铁磁流体热传导方程组诸项保留到 $O(Re^{-1-n_v+2n_y})$ 量级, 运动方程组为

$$
\begin{cases}
\dfrac{\partial u}{\partial t} + u\dfrac{\partial u}{\partial x} + v\dfrac{\partial u}{\partial y} = -Pr\dfrac{\partial p}{\partial x} + \dfrac{1}{Re}\dfrac{\partial^2 u}{\partial y^2} + Ra_{\mathrm{m}}PrM\dfrac{\partial H}{\partial x}, \\[2mm]
\dfrac{\partial v}{\partial t} + u\dfrac{\partial v}{\partial x} + v\dfrac{\partial v}{\partial y} = -Pr\dfrac{\partial p}{\partial y} + Ra_{\mathrm{m}}PrM\dfrac{\partial H}{\partial y} + RaPrT.
\end{cases}
\tag{7.2.12}
$$

这与经典的 Euler 边界层方程组相似, 称为铁磁流体 Euler 边界层方程组.

(3) 铁磁流体热传导方程组诸项保留到 $O(Re^{-1-n_v+n_x+n_y})$ 量级, 运动方程组为 (7.2.8), 我们称这一层次为内外层匹配 (IOM) 方程组.

(4) 铁磁流体热传导方程组诸项保留到 $O(Re^{-1-n_v+2n_x})$ 量级, 此时运动方程组为 (7.2.9), 我们也称这一层次为部分抛物化方程组.

(5) 铁磁流体热传导方程组诸项保留到 $O(Re^{-1-n_v+3n_x-n_y})$ 量级, 此时, 原方程中各项得以保存, 运动方程组仍为 (7.2.3).

对上述理论, 我们有如下结论:

(1) 若雷诺数 $Re > 1$, 且某一方向的长度尺度大于另一方向的长度尺度, 则可以根据铁磁流体热传导方程组中诸项的数量级关系, 将铁磁流体热传导方程组分为若干层次, 各层次的方程组构成了铁磁流体热传导方程组的合理近似.

(2) 铁磁流体热传导方程组的层次结构分为两支: 一支是从边界层方程组到铁磁流体热传导方程组; 另一支是从 Euler 方程组到铁磁流体热传导方程组. 这两支层次结构在 IOM 层开始出现重叠或分支.

(3) 从上述利用扩散抛物化思想来对铁磁流体热传导方程组进行层次分析和简化的过程来看, 从边界层方程组到铁磁流体热传导方程组这一支始终考虑到了粘性, 而从 Euler 方程组到铁磁流体热传导方程组这一支在 Euler 方程组这一层次上忽略了粘性, 这与实际问题的背景有关. 例如, 对于小尺度长圆管内的铁磁流体热传导运动, 无论是在管壁还是在管的中心, 粘性都是不能忽略的, 所以对铁磁流体热传导方程组简化, 须考虑从边界层方程组到铁磁流体热传导方程组这一支简化过程. 而对大尺度的圆管内铁磁流体热传导运动, 在圆管中心很大一个界面区域内粘性是可以忽略的, 而在管壁附近的粘性是不能忽略的, 所以此时铁磁流体热传导方程组简化, 这两支简化过程都须考虑. 下面我们通过两平板间铁磁流体热传导模型来检验铁磁流体热传导方程抛物化简化的合理性.

7.3　采用扩散抛物化方程组数值模拟热传导过程

相应的初始条件如下:

(1) 速度 $\boldsymbol{u}$ 满足

$$\boldsymbol{u}(0,x,y) = \boldsymbol{u}_0, \quad (x,y) \in \varGamma_4,$$

$$\boldsymbol{u}(0,x,y) = 0, \quad (x,y) \in \varGamma_1 \cup \varGamma_2 \cup \varGamma_3;$$

(2) 温度 T 满足

$$T(0,x,y) = 300, \quad (x,y) \in \varGamma_1,$$

$$T(0,x,y) = 380, \quad (x,y) \in \varGamma_4,$$

$$T(0,x,y) = 0, \quad (x,y) \in \varGamma_2 \cup \varGamma_3.$$

在利用铁磁流体扩散抛物化方程组 (7.2.8) 模拟两平板间运动铁磁流体热传导过程中, 假定雷诺数 $Re > 1$, 且 x 方向为主流方向. 两平板间铁磁流体热传导模型满足假定条件, 通过数值模拟检验采用铁磁流体扩散抛物化方程组描述热传导过程的合理性. 由 Sanchez-Palencia(1980) 所著文献可知, 模拟过程中可采用交错网格的 SIMPLE 算法求解扩散抛物化方程组的压力. 在固壁边界处, 对靠近两边固壁的三排网格在 y 方向局部加密一倍. 取瑞利数 $Ra = 10000$, 温度 $T = 0.95$.

1. 外磁场 $\boldsymbol{H}$ 平行于 x 轴正方向的情形

假设外磁场 $\boldsymbol{H}$ 平行于 x 轴正方向. 图 7.2 表示采用铁磁流体 NS 方程组与扩散抛物化方程组模拟两平板间热传导过程的温度等值线局部放大比较图. 图 7.2(a) 和 (b) 分别表示为 $Ra_\mathrm{m} = 0$ 和 100 时的情形. 图 7.2(a) 表示不考虑磁场作用的情况. 容易看出, 和采用铁磁流体 NS 方程组相比, 采用铁磁流体扩散抛物化方程组模拟获得的传热速度差异非常明显. 等温线 $T = 0.95$ 与 x 轴的交点从 $(0.094, 0)$ 变为 $(0.164, 0)$. 这是因为扩散抛物化方程组是一类抛物型方程, 而 NS 方程组属于椭圆型方程. NS 方程组的椭圆特性掩盖了主流特征, 出现了非物理的传热特性. 扩散抛物化方程组去除了次扩散的椭圆特性, 真实反映出两平板间较快的传热过程. 图 7.2(b) 表示考虑磁场作用情况下的热传导过程. 同样可以看出, 扩散抛物化方程组去除了次扩散的椭圆特性, 能真实反映出两平板间较快的传热过程. 但是等温线 $T = 0.95$ 与 x 轴的交点有少许左移, 这是因为磁场的作用将影响流场变化从而影响涡旋, 出现负粘性效应. 这一特性我们将通过外磁场 $\boldsymbol{H}$ 平行于 y 轴正方向的情形更清晰地说明.

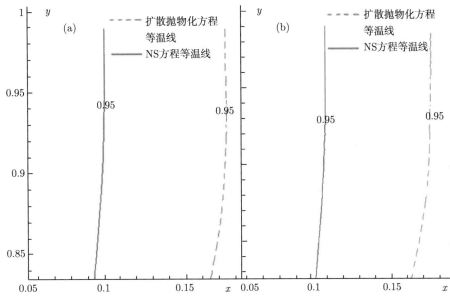

图 7.2 铁磁流体扩散抛物化方程组模拟热传导过程等温线局部放大比较图

(a) $Ra_{\mathrm{m}} = 0$; (b) $Ra_{\mathrm{m}} = 100$

2. 外磁场 $\boldsymbol{H}$ 平行于 y 轴正方向的情形

图 7.3 表示采用铁磁流体扩散抛物化方程组模拟热传导过程的速度 $\boldsymbol{u}$ 的流场图及速度 $\boldsymbol{u}$ 的流线图. 比较图 7.3 可以看出, 无论是流场图还是流线图, 在磁场作用下或者采用扩散抛物化方程组模拟, 涡旋对称性和流体运动趋势保持不变. 随着磁瑞利数的增大, 磁场对流动影响增大的趋势都逐渐减小, 两种模型速度场都出现漩涡.

图 7.3(a) 和 (c) 表示在不存在外磁场作用情况下, 采用 NS 方程组和扩散抛物化方程组作为控制方程进行数值模拟, 详细比较发现, 和采用 NS 方程组模拟相比, 采用扩散抛物化方程组模拟得到的漩涡更靠近左端, 而且漩涡形状由圆形变成桃形. 同样地, 图 7.3(b) 和 (d) 表示取磁瑞利数 $Ra_{\mathrm{m}}=10000$ 情况下, 采用 NS 方程组和扩散抛物化方程组作为控制方程进行数值模拟, 同样发现和采用 NS 方程组模拟相比, 采用扩散抛物化方程组模拟得到的漩涡更靠近左端, 而且漩涡形状由圆形变成桃形. 这是因为扩散抛物化方程组是一类抛物型方程, 而 NS 方程组属于椭圆型方程, 其椭圆特性掩盖了主流特征, 出现了非物理特性. 涡旋运动主要发生在温差比较大的地方, 即图形的左边涡旋差异更加明显. 对于下游即图形的右边, 采用两种不同控制方程的数值结果很接近, 这表明对铁磁流体热传导问题而言, 同样地在粘性作用很小的区域对流占主导.

　　详细比较图 7.3(a) 与 (b) 或者图 7.3(c) 与 (b) 不难发现, 在外磁场作用下涡旋的上半部分有向上悬浮的表现, 这是铁磁流体负粘性引起的.

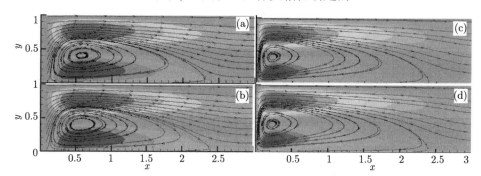

图 7.3　两平板间铁磁流体热传导扩散抛物化简化方程的速度 u 的流场图 (彩色部分)

及速度u 的流线图 (黑线)(后附彩图)

(a) $Ra_\mathrm{m} = 0$, NS 方程组; (b) $Ra_\mathrm{m} = 10000$, NS 方程组; (c) $Ra_\mathrm{m} = 0$, 扩散抛物化方程组;

(d) $Ra_\mathrm{m} = 10000$, 扩散抛物化方程组

　　从图 7.3 总体比较可以发现, 利用 NS 方程组和扩散抛物化方程组进行数值模拟, 或者考虑是否存在外磁场, 磁场对铁磁流体流动的影响远没有采用不同方程组模拟的结果差别大, 这也就是研究扩散抛物化理论意义之所在.

7.4　结 果 讨 论

　　本章主要针对两平板间铁磁流体的热传导模型, 利用高智的扩散抛物化理论详细讨论了铁磁流体扩散抛物化方程组, 给出了铁磁流体热传导模型的层次结构理论. 模拟过程中采用交错网格的 SIMPLE 算法求解扩散抛物化方程组的压力, 并和 NS 方程组的模拟结果分析比较, 分析所获得结果产生的物理机理, 主要结果如下:

　　(1) 对两平板间的铁磁流体热传导模型问题, 建立了铁磁流体扩散抛物化方程组, 这是对流体力学扩散抛物化方程组的一个很好的补充.

　　(2) 利用 SIMPLE 算法数值求解, 其数值结果表明: ① 当开尔文力 $\boldsymbol{M} \cdot \nabla \boldsymbol{H}$ 与 y 的正方向一致时, 磁场对铁磁流体温度的传导影响不明显, 而对压力尤其是压力梯度的方向影响显著; ② 当开尔文力 $\boldsymbol{M} \cdot \nabla \boldsymbol{H}$ 与 x 的正方向一致时, 磁瑞利数对温度的传导会有较大的影响, 在固定瑞利数的情况下, 随着磁瑞利数的增大, 热传导速度加快, 但对压力影响较小; ③ 在较大瑞利数 $Ra = 10000$ 的情况下, 会在左下角形成一个明显的回流区. 采用铁磁流体扩散抛物化方程模拟结果发现, 实际回流区形状为扁平呈桃形, 称为传热桃形涡; ④ 比较磁瑞利数 $Ra_\mathrm{m} = 0$ 和 10000 的数值结果发现, 在外磁场作用下, 铁磁流体的热传导过程存在负粘性.

(3) 由于铁磁流体热传导过程很复杂, 所以需要对更多的热传导模型进行数值模拟, 进一步验证扩散抛物化方程组的合理性和实用性. 负粘性引起的物理现象早被人们重视, 但用到传热过程结果并不多, 可以通过更多的实例来讨论.

参 考 文 献

高智. 1988. 流体力学基本方程组 (BEFM) 的层次结构理论和简化 Navier-Stokes 方程组 (SNSE). 力学学报, 20(2): 107-116.

李德才. 2003. 磁性液体理论及应用. 北京: 科学出版社.

王煦漫, 古宏晨, 杨正强, 等. 2005. 磁流体在交变磁场中的热效应研究. 功能材料, 36(4): 507-512.

郑秋云. 2010. 几类铁磁流体模型及其数值求解. 湘潭大学博士学位论文.

Borglin S E, Moridis G J, Oldenburg C M. 2000. Experimental studies of the flow of ferrofluid in porous media. Transport in Porous Media, 41: 61-80.

Davidson P A. 2001. An Introduction to Magnetohydrodynamics. Cambridge: Cambridge University Press.

Ganguly R, Sen S, Puri I K. 2004. Heat transfer augmentation using a magnetic fluid under the influence of a line dipole. Journal of Magnetism and Magnetic Materials, 271(1): 63-73.

Hergt R, Andra W, Hilger I, et al. 1998. Physical limitations of hypothermia using magnetite fine particles. IEEE Transactions on Magnetics, 34(5): 3745-3754.

Hornung U. 1996. Homogenization and Porous Media. New York: Springer.

Molday R S. 1984. US Patent: 4452773.

Rosensweig R E. 1997. Ferrohydrodynamics. Cambridge:Cambridge University Press.

Rosensweig R E. 2002. Heating magnetic fluid with alternating magnetic field. Journal of Magnetism and Magnetic Materials, 252: 370-374.

Sanchez-Palencia E. 1980. Non-homogenization Media and Vibration Theory. Lecture Notes in Physics, vol.127. New York: Springer.

Tannehill J C, Anderson D A, Pletcher R H. 1997. Computational Fluid Mechanics and Heat Transfer. London: Taylor & Francis Pubishers.

Yamaguchi H. 2008. Engineering Fluid Mechanics. New York: Springer.

Yamaguchi H, Zhang Z, Shuchi S, et al. 2002. Heat transfer characteristics of magnetic fluid in a partitioned rectangular box. Journal of Magnetism & Magnetic Materials, 252: 203-205.

第8章 铁磁流体润滑理论与化学机械抛光技术

在机械学领域中, 19 世纪 80 年代相继提出了两个重要理论, 即雷诺 (Osborne Reynolds, 1842~1912) 流体润滑理论和 Hertz 弹性接触理论. 对于面接触摩擦副如滑动轴承等机械零件, 人们根据雷诺流体润滑理论进行设计和抛光加工. 而关于点线接触摩擦副诸如齿轮涡轮传动和滚动轴承等的设计问题, 则一直按照 Hertz 建立的弹性接触理论进行接触强度计算. 然而, 在 20 世纪 30 年代以后, 许多客观事实表明, 齿轮传动等零件有可能实现完全的流体润滑. 这就引起人们对于点线接触摩擦副润滑机理问题的极大兴趣.

如果从经典雷诺理论的观点出发分析点线接触摩擦副的润滑问题, 所算得的油膜厚度将远小于表面粗糙峰高度值, 所以, 经典的刚性流体动力润滑理论不能反映点线接触摩擦副实现流体润滑的实质. 直到 20 世纪 40 年代末期, Ertel 和 рубин 相继在考虑表面弹性变形和润滑油粘压效应的前提下, 对于线接触润滑问题进行了卓有成效的分析. 他们首次将雷诺润滑理论和 Hertz 弹性接触理论结合起来, 获得了弹性流体动力润滑的近似解, 从而奠定了弹流润滑理论的基础. 到了 20 世纪 60 年代 Dowson 等利用电子计算机和数值分析对等温弹流润滑问题发表了系统的计算结果, 并提出了适合于工程设计应用的油膜厚度计算公式, 为弹流润滑理论研究开拓了广阔的前景. 在发展理论分析的同时, 有关弹流润滑的实验研究也取得重大的进展, 揭示出弹流润滑的基本特征. 此后, 弹流润滑理论与应用成为近代摩擦学主要研究领域之一, 各国学者相继进行了广泛而深入的分析, 并逐步应用于点线接触摩擦副的工程设计.

研究表明, 点线接触的机械零件在一定运转条件下可以实现弹流油膜润滑. 同时, 这类零件的表面损伤与润滑状态有着密切的关系. 油膜形状和厚度、油膜中的压力分布、温度场以及摩擦力等都直接影响到表面胶合、损伤和接触疲劳失效. 所以, 弹流润滑理论的发展必将对改善这类零件的工作性能和提高使用寿命产生重大的影响. 清华大学摩擦学研究所从 20 世纪 80 年代开始, 在温诗铸院士团队的带领下, 对弹流润滑问题进行了一系列的研究. 首先, 他们从工程实际出发, 完成各种工况条件下弹流润滑的晶值分析和实验验证, 揭示了不同弹流润滑状态的特征和基本规律, 提出了参数关系式和适用于工程设计的计算方法, 并初步建立了弹流润滑计算程序库. 在发展弹流润滑数值分析的同时, 在实验技术方面先后成功研究光干涉方法测量弹流油膜厚度和间隙形状, 红外线技术测量接触区表面温度分布和油膜温度分布, 微型薄膜传感器测量油膜压力分布, 以及采用高速摄影与光干涉技术相结合测量非稳态弹流油膜的动态特征等. 显然, 实验技术的发展对于弹流润滑问题的深入研究具有十分重要的意义.

　　铁磁流体是一类新型润滑剂, 在外部磁场作用下它可以让铁磁流体保持在润滑部位甚至改变抛光片与抛光垫之间的压力分布, 满足密封或精密加工过程中对工件提出的特殊要求. 本章利用铁磁流体作为润滑剂, 介绍铁磁流体润滑轴承和铁磁流体化学机械抛光这两个典型流体动力润滑问题.

8.1　平 衡 方 程

　　各种各样的润滑问题都涉及在一个非常小空间尺度上的粘性流体流动, 描述这种流动过程的基本方程是雷诺 1886 年建立的著名雷诺方程. 实际上, 雷诺方程是流体运动基本方程的一种特殊形式, 原始的雷诺方程并不能很好地解决润滑问题, 后来人们针对不同弹性流体动力润滑问题推导了更为普遍的雷诺方程. 铁磁流体运动方程组可以简单表述为 (Neuninger and Rosensweig, 1964)

$$\rho_t \frac{\mathrm{d}\boldsymbol{V}}{\mathrm{d}t} = \boldsymbol{f}_p + \boldsymbol{f}_\eta + \boldsymbol{f} + f_m + \boldsymbol{f}_g, \tag{8.1.1}$$

在流体动力润滑问题中, 除了超高速运转轴承以外, 惯性作用可以忽略. 一般情况下, 重力也不考虑. 作为化学机械抛光等精密加工问题或者用于轴承密封润滑剂的铁磁流体, 其铁磁固体颗粒的粒径通常控制在 $5 \sim 15\mathrm{nm}$. 设铁磁流体基载液的粘度为 η_c, 铁磁颗粒的平均粒径为 d_p, 铁磁颗粒和基载液的旋转角速度分别为 ω_p 和 ω_c, 用 n 表示铁磁颗粒的数量, 那么铁磁颗粒的总粘性力矩为

$$L_\tau = -\pi\eta_\mathrm{c}d_\mathrm{p}(\omega_\mathrm{p} - \omega_\mathrm{c})n. \tag{8.1.2}$$

两相涡旋速度滞后引起的粘性切应力为

$$\boldsymbol{f}_\tau = \frac{1}{2}\Delta \times \boldsymbol{L}_\tau. \tag{8.1.3}$$

对于具有内禀性的铁磁流体, 可以忽略铁磁颗粒和基载液之间的滞后, 从而假设 $\boldsymbol{f}_\tau = 0$, 在真空条件下, 假设磁化强度 $\boldsymbol{M}$ 和外磁场 $\boldsymbol{H}$ 满足 $\boldsymbol{M} /\!/ \boldsymbol{H}$. 如果假设磁场力就是开尔文力, 那么

$$\boldsymbol{f}_m = \boldsymbol{f}_\mathrm{K} = \mu_0\boldsymbol{M} \cdot \nabla\boldsymbol{H} = \mu_0\frac{M}{H}\boldsymbol{H} \cdot \nabla\boldsymbol{H} = \mu_0\frac{M}{H}\left[\frac{1}{2}\nabla(\boldsymbol{H} \cdot \boldsymbol{H}) - \boldsymbol{H} \times (\nabla \times \boldsymbol{H})\right].$$

易知 $\nabla(\boldsymbol{H} \cdot \boldsymbol{H}) = \nabla(H^2) = 2H\nabla H$. 通常不考虑铁磁流体的导电特性, 从而 $\nabla \times \boldsymbol{H} = 0$, 开尔文力简单表示为

$$\boldsymbol{f}_\mathrm{K} = \mu_0 M\nabla H. \tag{8.1.4}$$

铁磁流体可以通过朗之万函数 $L(\alpha) = \mu_0 H M_p V_{pl}/(k_B T)$ 表示出来

$$M = \phi M_p L(\alpha). \tag{8.1.5}$$

简而言之, 铁磁流体的磁化强度依赖于铁磁流体的密度、外磁场强度和铁磁流体的温度

$$M = M(H, T_f, \rho_f). \tag{8.1.6}$$

流体动力润滑模型一般假设膜厚 h、宽度 a 和长度 b(或者抛光片的半径 r) 满足 $h \ll \max\{a, b, r\}$. 在直角坐标系中, 以 x, y 方向表示展向, z 坐标表示厚度方向, 则润滑模型可以做如下假设.

(1) 在厚度方向压力 p, 外磁场强度 H 和铁磁流体的磁化强度 M 不变, 即

$$\frac{\partial p}{\partial z} = \frac{\partial H}{\partial z} = \frac{\partial M}{\partial z} = 0. \tag{8.1.7}$$

(2) 铁磁流体的运动速度和表面应力在膜厚方向变化占主导, 即

$$\frac{\partial^n}{\partial x^n} = \frac{\partial^n}{\partial z^n}, \quad \frac{\partial^n}{\partial y^n} = \frac{\partial^n}{\partial z^n}. \tag{8.1.8}$$

同时, 不难得出

$$\boldsymbol{f}_K = \mu_0 M \nabla H = \mu_0 \nabla \int_0^H M \mathrm{d}H. \tag{8.1.9}$$

在铁磁流体力学运动中, 流体压力、表面应力和单位体积的开尔文力三者满足平衡方程

$$\left[p - \left(p + \frac{\partial p}{\partial x} \mathrm{d}x \right) \right] \mathrm{d}y\mathrm{d}z$$

$$+ \left[-\tau_{yx} + \left(\tau_{yx} + \frac{\partial \tau_{yx}}{\partial y} \mathrm{d}y \right) \right] \mathrm{d}z\mathrm{d}x + f_{K,x} \mathrm{d}x\mathrm{d}y\mathrm{d}z = 0. \tag{8.1.10}$$

$$\left[p - \left(p + \frac{\partial p}{\partial z} \mathrm{d}z \right) \right] \mathrm{d}x\mathrm{d}y$$

$$+ \left[-\tau_{yz} + \left(\tau_{yz} + \frac{\partial \tau_{yz}}{\partial y} \mathrm{d}y \right) \right] \mathrm{d}z\mathrm{d}x + f_{K,z} \mathrm{d}x\mathrm{d}y\mathrm{d}z = 0. \tag{8.1.11}$$

定义总压力为 $p* = p - \mu_0 \int_0^H M \mathrm{d}H$, 那么可以得到简单形式的润滑方程

$$-\frac{\partial p^*}{\partial x} + \frac{\partial \tau_{yx}}{\partial y} = 0, \tag{8.1.12}$$

$$\frac{\partial p^*}{\partial y} = 0, \tag{8.1.13}$$

$$-\frac{\partial p^*}{\partial z} + \frac{\partial \tau_{yz}}{\partial y} = 0. \tag{8.1.14}$$

8.2 具有空化的圆柱磙子的铁磁流体润滑

Cowley 和 Rosenweig(1967) 曾研究铁磁流体的界面稳定性. 由 Shukla 和 Kumar(1987) 所著文献知, 近年来已研究过铁磁流体在轴承中的应用.

我们在这里考虑等均匀的切向速度 U_0 和法向速度 V_0 移动的相同滚轮之间的铁磁流体的轴对称流动, 在流体运动的垂直方向放置常磁场, 如图 8.1 所示. Kamiyama(1979) 利用以前一些文献给出的结果, 计算了磁流体轴承润滑的整体特征. 针对该问题首先做了如下假设:

(1) 平板不导磁也不导电从而外部磁场不会发生变化.

(2) 相对于外部磁场而言铁磁流体磁化强度非常微小可以忽略不计.

(3) 铁磁流体处于饱和状态使得磁化强度 M_0 不依赖于外部磁场.

(4) 薄膜润滑近似有效. 从而相对于穿过薄膜的其他物理量的导数, 速度和磁化强度的导数可以忽略.

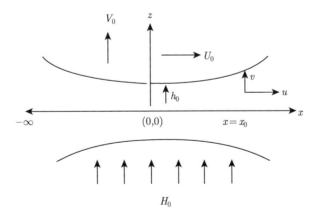

图 8.1 圆柱磙子示意图

在上述假设条件下, 稳态二维粘性流的铁磁流体运动方程推导如下 (Shliomis, 1967; Kamiyama et al., 1985):

$$\frac{\partial u}{\partial x} + \frac{\partial v}{\partial z} = 0, \tag{8.2.1}$$

$$-\frac{\partial p}{\partial x} + \eta \frac{\partial^2 u}{\partial z^2} + \frac{\mu_0 H_0}{2} \frac{\partial M_1}{\partial z} = 0, \tag{8.2.2}$$

$$M_1 = \frac{1}{2}\tau_B M_2 \frac{\partial u}{\partial z} - \frac{\mu_0 \tau_B \tau_s}{I} M_1 M_2 H_0, \tag{8.2.3}$$

$$M_2 = M_0 - \frac{1}{2}\tau_B M_1 \frac{\partial u}{\partial z} + \frac{\mu_0 \tau_B \tau_s}{I} M_1^2 H_0. \tag{8.2.4}$$

速度分量的边界条件为

$$u = U_0, \quad v = V_0 + U_0 \frac{\mathrm{d}h}{\mathrm{d}x}, \quad 在 z = h 处,$$

$$\frac{\partial u}{\partial z} = 0, \ v = 0, \quad 在 z = 0 处,$$

而压力的空化边界条件可以做一些假设, 也就是说,

$$p = 0, \quad 在 x = -\infty,$$

$$p = 0 = \frac{\mathrm{d}p}{\mathrm{d}x}, \quad 在 x = x_2.$$

其中, x_2 为空化点.

Kamiyama 等 (1985) 通过详细的数学推导获得了如下压力分布 $\bar{p}$, 无量纲载荷 $\overline{W}$ 和摩擦力 $\overline{F}$ 的表达式:

$$\bar{p} = 3\left[1 + \frac{N\tau}{4}\{1 - NA\tau + N^2 A^2 \tau^2\}\right] \int_{-\infty}^{\bar{x}} \frac{1}{\bar{h}^3}[q(\bar{x} - \bar{x}_2) + (\bar{h} - \bar{h}_2)]\mathrm{d}\bar{x}$$
$$-\frac{81N\tau^3}{80} \int_{-\infty}^{\bar{x}} \frac{1}{\bar{h}^7}[q(\bar{x} - \bar{x}_2) + (\bar{h} - \bar{h}_2)]^3 \mathrm{d}\bar{x} + O(\tau^4), \tag{8.2.5}$$

$$\overline{W} = \frac{Wh}{b\eta U_0 R} = 2\int_{-\infty}^{\bar{x}_2} \bar{p}\,\mathrm{d}\bar{x}, \tag{8.2.6}$$

$$\overline{F} = \frac{h_0 F}{b\eta U_0 \sqrt{2Rh_0}} = -\int_{-\infty}^{\bar{x}_2} \frac{\partial \bar{u}}{\partial \bar{z}}\Big|_{\bar{z}=\bar{h}}\,\mathrm{d}\bar{x}, \tag{8.2.7}$$

其中

$$\frac{\partial \bar{u}}{\partial \bar{z}}\Big|_{\bar{z}=\bar{h}} = \frac{3}{\bar{h}^3}[q(\bar{x} - \bar{x}_2) + (\bar{h} - \bar{h}_2)]$$
$$+ \frac{27N\tau^3}{40\bar{h}^6}[q(\bar{x} - \bar{x}_2) + (\bar{h} - \bar{h}_2)]^3. \tag{8.2.8}$$

首先, 考虑无限长的滑动和轴颈轴承的承载能力, 确定压力中心和姿态角. 然后, 得到有限轴承的类似特性. 在这两种情况下, 考虑新的边界条件和磁应力下的实际拍摄范围. 分析结果表明, 摩擦力主要受磁性颗粒悬浮液的粘度变化影响, 而磁应力只在特殊条件下修改摩擦力, 通常在润滑中不会遇到. 此外, 可以进行流量和侧流系数计算. 数值结果表明, 若采取适当的措施, 润滑剂泄漏可以减少甚至可以避免.

8.2.1 铁磁流体动压润滑

这里要指出的是, 至今所进行的润滑研究都是根据 Neuninger 和 Rosensweig (1964) 所给文献中提出的模型. 因此, 本章采用 Shliomis(1967, 1972) 所提出的方程来论述铁磁流体薄膜润滑的一般理论问题. 考虑到横向磁场的存在, 根据两块相对运动的稍微倾斜的平板, 用铁磁流体的磁流体流动来推导雷诺方程的一般形式, 用以研究无限长挤压薄膜轴承和滑动轴承.

在与流体流动方向垂直的外加磁场存在的情况下, 研究了两块斜板表面间铁磁流体的流动. 系统的物理状态如图 8.2 所示.

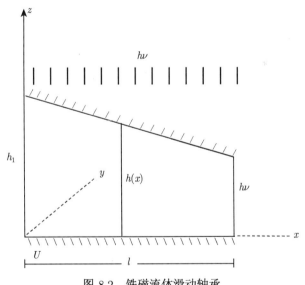

图 8.2 铁磁流体滑动轴承

为简化分析, 我们像 Walker 和 Buckmaster(1979) 那样, 作了如下假设:

(1) 平板是非磁性和不导电的, 所以外加磁场不变.

(2) 与外加磁场 H 比较, 铁磁流体的磁化强度 M 可忽略不计, 即 $M \ll H$.

(3) 铁磁流体是饱和的, 因此平衡磁化强度 M_0 与外加磁场 H_0 无关.

我们也假定薄膜润滑的近似法是成立的, 因此, 沿着薄膜的速度、磁化等的导数与横切薄膜的导数相比是可忽略不计的 (Tipei, 1982).

　　运用上述假设, 用迭代法解出了在横向外加磁场存在的条件下铁磁流体运动的
方程. 保留 τ_{B}^8 以前的项, 从而获得一般雷诺方程如下:

$$\frac{\partial}{\partial x}\left(h^3\frac{\partial p}{\partial x}\right) + \frac{\partial}{\partial y}\left(h^3\frac{\partial p}{\partial y}\right)$$

$$= 6\eta_{\mathrm{a}}(U + V)\frac{\partial h}{\partial x} - 12\eta_{\mathrm{a}}W_{\mathrm{s}} - \frac{N\tau_{\mathrm{B}}^3}{16\eta_0}(3U^2 + V^2)\frac{\partial}{\partial x}\left(h\frac{\partial p}{\partial x}\right)$$

$$- \frac{N\tau_{\mathrm{B}}^3}{16\eta_{\mathrm{a}}}(3V^2 + U^2)\frac{\partial}{\partial y}\left(h\frac{\partial p}{\partial y}\right) - \frac{N\tau_{\mathrm{B}}^3}{8\eta_{\mathrm{a}}}UV\left\{\frac{\partial}{\partial x}\left(h\frac{\partial p}{\partial y}\right) + \frac{\partial}{\partial y}\left(h\frac{\partial p}{\partial y}\right)\right\}$$

$$- \frac{3N\tau_{\mathrm{B}}^3}{320\eta_{\mathrm{a}}^3}\frac{\partial}{\partial x}\left[h^5\frac{\partial p}{\partial x}\left\{\left(\frac{\partial p}{\partial x}\right)^2 + \left(\frac{\partial p}{\partial y}\right)^2\right\}\right]$$

$$- \frac{3N\tau_{\mathrm{B}}^3}{320\eta_{\mathrm{a}}^3}\frac{\partial}{\partial y}\left[h^5\frac{\partial p}{\partial y}\left\{\left(\frac{\partial p}{\partial x}\right)^2 + \left(\frac{\partial p}{\partial y}\right)^2\right\}\right], \tag{8.2.9}$$

式中, $\eta_{\mathrm{a}} = \eta + N\tau_{\mathrm{B}}/4$, $N = M_0H_0U_0$, W_{s} 为挤压速率, h 为薄膜厚度, p 为薄膜压
力. 其他符号具有通常的意义 (Shliomis, 1972).

　　下面我们利用方程 (8.2.9) 来研究铁磁流体动力挤压薄膜轴承和滑动轴承.

8.2.2　挤压薄膜轴承

　　当研究两平行 ($h = $ 常数) 固定板之间的一维挤压流动时, 确定此情形下的压
力方程可由方程 (8.2.9) 获得

$$\frac{\mathrm{d}^2p}{\mathrm{d}x^2} = -\frac{12\eta_0W_{\mathrm{s}}}{h^8} - \frac{3N\tau_{\mathrm{B}}^8}{320\eta_0^8}h^2\frac{\partial}{\partial x}\left\{\left(\frac{\mathrm{d}p}{\mathrm{d}x}\right)^8\right\} \tag{8.2.10}$$

在 $x = 0$, $x = L$ 和 $p = 0$ 时的情况下, 用迭代法解方程 (8.2.10), 并保留 τ_{B}^8 数量级
的各项, 有

$$p = \frac{6\eta_0W_{\mathrm{s}}}{h^8}x(L - x) - \frac{81}{40}\frac{N\tau_{\mathrm{B}}^8W_{\mathrm{s}}^8}{h^8}x(L - x) \times \{(L - x)^2 + x^2\}, \tag{8.2.11}$$

则可得宽为 b 的挤压薄膜轴承的负载能力

$$W_{\mathrm{d}} = b\int_0^L p\mathrm{d}x, \tag{8.2.12}$$

$$\overline{W}_{\mathrm{d}} = \frac{W_{\mathrm{d}}h_{\mathrm{d}}^8}{b\eta W_{\mathrm{s}}L^2} = \frac{\eta_{\mathrm{d}}}{h_{\mathrm{d}}^8} - \frac{81}{400}\frac{N_{\mathrm{d}}\tau_{\mathrm{d}}^8}{h_{\mathrm{d}}^7}, \tag{8.2.13}$$

式中, $\eta_d = 1 + N_d\tau_d/4$; $N_d = M_0H_0\mu_0h_x^2/\eta W_s L$; $\tau_d = \tau_B L W_s/h_1^2$; $h_d = h/h_i$; h_1 为初始膜厚对于不同的 $N_d = (M_0H_0\mu_0h_i^2)/(\eta W_s L)$ 和 $h_d = h/h_i$ 值, $\overline{W}_d$ 随 N_d 的增大而增大 (图 8.3).

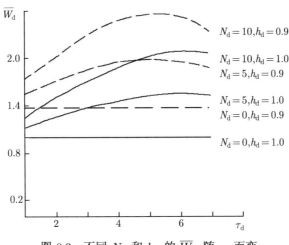

图 8.3 不同 N_d 和 h_d 的 $\overline{W}_d$ 随 τ_d 而变

8.2.3 滑动轴承

在横向外加磁场存在时, 在含有铁磁流体润滑剂的倾斜平面滑动轴承的情况下, 由流体运动方程可得决定薄膜中压力的方程如下 (图 8.3):

$$\frac{d}{dx}\left(h^3\frac{dp}{dx}\right) = 6\eta_a U\frac{dh}{dx} - \frac{3N\tau_B^3 U^2}{16\eta_a}\frac{d}{dx}\left(h\frac{dp}{dx}\right)$$

$$-\frac{3N\tau_B^3}{320\eta_a^3}\frac{d}{dx}\left\{h^5\left(\frac{dp}{dx}\right)^3\right\}, \tag{8.2.14}$$

其中, $h(x)$ 为薄膜厚度, 大小为 $h(x) = h_1 - (h_1 - h_0)x/L$, 而 h_1 和 h_0 分别是薄膜的最大和最小厚度.

当 $x = 0$, $x = L$ 和 $p = 0$ 时, 沿着边界层求解方程 (8.2.14) 求 p, 利用方程 (8.2.12) 得负载能力 W_d. 由下列方程可以获得滑动轴承上、下平板的摩擦力

$$F_1 = b\eta\int_0^L\left(\frac{\partial u_x}{\partial z}\right)_{z=0}dx, \tag{8.2.15}$$

$$F_2 = -b\eta\int_0^L\left(\frac{\partial u_x}{\partial z}\right)_{z=h}dx. \tag{8.2.16}$$

图 8.4 是在 $N_d = (M_0H_0\mu_0h_0)/(\eta_a U)$ 和 $\tau_d = \tau_B U/h_0$ 时 $\overline{W}_d = (W_d h_0^2)/(b\eta_a U L^2)$ 对 h_d 所作的图.

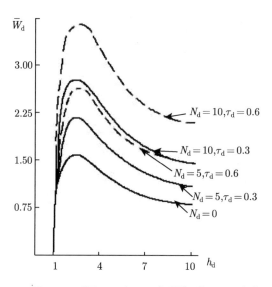

图 8.4　不同 N_d 和 τ_d 时, $\overline{W}_d$ 随 h_d 而变化

由图 8.4 可以看出 $\overline{W}_d$ 随 N_d, τ_d 的增大而增大. 同时可以看到, 对于每组 N_d, τ_d 的值, 在相对 h_d 的图线中, 都存在着一个极大值.

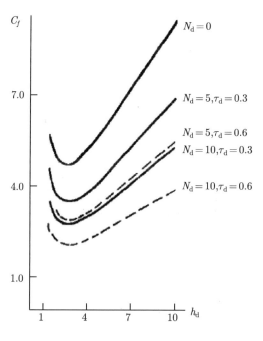

图 8.5　不同 N_d 和 τ_d 时, C_f 随 h_d 而变化

表 8.1 和表 8.2 给出 $N_{\rm d} = 0, 5, 10$ 和 $h_{\rm d} = 2, 3$ 时 $\overline{F}_1 = (h_0 F_1)/(b\eta UL)$, $\overline{F}_2 = (h_0 F_2)/(b\eta UL)$ 的值. 从表中可以看出, $N_{\rm d}$ 对 $\overline{F}_1, \overline{F}_2$ 的影响是很小的. $N_{\rm d} = 0, 5, 10$ 和 $\tau_{\rm d} = 0.3, 0.6$ 时, $C_f = -\overline{F}_1/\overline{W}_{\rm d}$ 相对于 $h_{\rm d}$ 的值示于图 8.5. 由此图可以看出, C_f 随着 $N_{\rm d}, \tau_{\rm d}$ 的减少而减小, 图中存在一个极小点. 这里要指出, 增大外磁场所引起的负载增大和摩擦系数下降主要是粘度系数 $\eta_{\rm d}$ 变化的结果.

表 8.1 $h_{\rm d} = 2.0$ 的 $\overline{F}_1$ 和 $\overline{F}_2$ 的变化

$\tau_{\rm d}$	$\overline{F}_1$			$\overline{F}_2$		
	$N_{\rm d} = 0$	$N_{\rm d} = 5$	$N_{\rm d} = 10$	$N_{\rm d} = 0$	$N_{\rm d} = 5$	$N_{\rm d} = 10$
0.3	-0.772	-0.775	-0.778	0.613	0.614	0.615
0.6	-0.772	-0.795	-0.804	0.613	0.620	0.622
0.9	-0.772	-0.836	-0.856	0.613	0.631	0.637

表 8.2 $h_{\rm d} = 3.0$ 的 $\overline{F}_1$ 和 $\overline{F}_2$ 的变化

$\tau_{\rm d}$	$\overline{F}_1$			$\overline{F}_2$		
	$N_{\rm d} = 0$	$N_{\rm d} = 5$	$N_{\rm d} = 10$	$N_{\rm d} = 0$	$N_{\rm d} = 5$	$N_{\rm d} = 10$
0.3	-0.697	-0.698	0.700	0.402	0.403	0.404
0.6	-0.697	-0.706	0.710	0.402	0.412	0.416
0.9	-0.697	-0.721	0.729	0.402	0.431	0.440

已注意到, 各种特性的变化主要是运动方程中粘度项的变化引起的, 而其他项的作用很小. 因此可以看出, 在磁场存在下, 采用载体流体作电导流体可以改善铁磁流体的流动性能.

8.3 铁磁流体化学机械抛光模型问题

随着电子产业的发展壮大, 半导体产业快速发展, 集成电路技术也随之获得扩大和发展. 为了得到更好的集成电路, 就需要精微线规精确的多平层的晶片. 目前, 化学机械抛光 (chemical mechanical polishin, CMP) 工艺是唯一适于获取全局和局部高级别平面度的技术 (温诗铸和杨沛然, 1992). 但是人们对诸如抛光参数对平面度的影响、抛光垫–浆料–晶片之间的相互作用、浆料化学件质对各种参数的影响等比较基本的基础机理了解甚少, 从而使得这一技术的进一步应用受到限制. 数值计算 CMP 的应力偶模型以及分子动力学模型可以克服实验和测试的局限, 在 CMP 机理研究中得到大量应用, 目前已成为一个活跃的领域.

在整个 CMP 过程中, 机床的速度、下压载荷和抛光液以及抛光垫都会影响到材料的抛光率、表面平坦率及晶片的平整性. 抛光液是 CMP 技术的一个关键因素, 对其流动规律的深入研究有助于理解 CMP 的机理. Lever 等 (1998) 的实验指出, 在 CMP 过程中, 流体通常出现负压, 之后, Tichy 等 (1999) 提出一个一维模型来解释这一现象. 随后, 诸多学者通过求解雷诺方程给出了抛光液的膜厚与压力之间的关系, 并进一步分析了 CMP 过程中的接触与流动的关系 (Shliomis, 1972; Kamiyama et al., 1979; Hemmer et al., 1977). 在此基础上, 高太元等 (2007) 利用 Chebyshev 加速超松弛技术对有离心力项的润滑方程进行求解, 得到离心力对抛光液压力分布的影响. 另外, 一些学者 (Zhou, 2002; Cho et al., 2001) 还对 CMP 过程中的润滑特征进行了分析, 建立了三维晶片尺度的流体动力学模型, 分析压力、剪切率与速度的关系, 考虑了多尺度下的 CMP 过程. 在文献 (Daechee, et al., 2006; Kim et al., 2006) 中还考虑了温度对 CMP 过程的影响.

　　铁磁流体是一种人工材料, 它是由纳米级的铁磁颗粒均匀地分布在溶液中形成的悬浮系统. 铁磁流体中的铁磁颗粒可以通过外界磁场的改变影响流体的流动性能以及流体本身的特性, 在现代工业中有着广泛的应用. 铁磁流体的性质和应用在很多文献中都有介绍, 其中 Rosensweigh(1995) 介绍铁磁流体的一些流体动力学特性. Odenbach 和 Thurm(2002) 详细地考察了铁磁流体的磁粘性效应, Yamaguchi(2008) 从工程流体力学的角度介绍了铁磁流体的一些模型及其应用.

　　该部分内容安排如下, 第 8.4 和 8.5 两节主要是 CMP 数学模型的建立. 首先, 在一定的假设条件下, 通过对 NS 方程组简化, 建立具有对流效应的 CMP 数学模型, 并推导出其对应的润滑方程. 然后, 在此基础上, 建立铁磁流体作为抛光液的 CMP 数学模型, 并推导出相应的润滑方程. 第 8.5.3 节对上述两种 CMP 模型进行了压力场的数值模拟且对数值结构进行了分析, 并与已有的相关结果进行了比较, 8.5.4 节给出了所做研究的结论.

8.4　CMP 的工作原理

　　图 8.6 是 CMP 工作示意图, 由图可知, CMP 装置主要是由工作台 (table)、抛光垫 (pad)、晶片 (wafer), 晶片固定装置 (wafer carrier)、载荷 (down force)、抛光液供给设备 (slurry feed) 六部分组成. 在 CMP 装置的下部, 工作台在马达的带动下以角速度 ω_p 旋转, 抛光垫固定在工作台上随之转动. 抛光垫一般是由聚氨基酯橡皮或泡沫橡皮做成的, 具有一定的弹性, 且表面有许多突起. 在 CMP 装置的上部, 同样也有一个马达带动晶片固定装置以角速度 ω_w 旋转, 晶片固定在载荷的下面, 我们可通过改变载荷来调整晶片与抛光垫的压力, 从而调整晶片的抛光速度. 在 CMP 装置侧面, 抛光液供给设备能及时补充抛光过程中损耗的抛光液, 抛光液通常是碱性或者酸性溶液, 抛光液里均匀分布着许多微小颗粒 (根据抛光要求的不同, 颗粒的大小可以从纳米级别到微米级别).

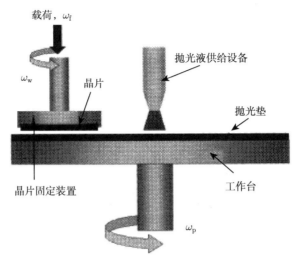

图 8.6　CMP 工作示意图

　　抛光过程中, 抛光垫和晶片的相对旋转, 能使它们之间产生摩擦. 抛光液均匀分布在抛光垫上, 能对抛光过程起到润滑作用, 可以防止抛光垫对晶片的刮划, 同时也能单独或者和抛光垫一起承受载荷. 因为抛光液呈碱性或者酸性, 所以能与晶片表面发生化学反应, 氧化晶片表面, 使得晶片更容易被抛光. 抛光液中的颗粒能增加摩擦, 提高抛光过程的去除率. 在抛光过程中通常颗粒和抛光垫的突起一起对晶片进行研磨抛光.

　　在 CMP 过程中, 抛光垫的机械性能, 如弹性和剪切模量、可压缩性以及粗糙程度、硬度对抛光平整度有着重要的影响. 抛光液的化学性能 (如酸碱性等)、抛光液中颗粒的大小、颗粒的组成材料以及软硬程度也是 CMP 的关键因素.

8.5　考虑对流效应的铁磁流体 CMP 模型及数值模拟

　　本节首先考虑具有对流效应的 CMP 模型, 然后将这一模型推广到考虑对流效应的铁磁流体 CMP 模型, 最后通过数值求解的方法研究对流效应对 CMP 过程中压力分布的影响, 以及模型参数 (如膜厚、转角、倾角) 对无量纲载荷和无量纲转矩的影响, 同时也研究了在外界磁场作用下, 新模型中磁场对 CMP 过程的影响.

8.5.1　具有对流效应的 CMP 润滑方程的推导

　　在 CMP 中, 记流体密度为 ρ, 速度为 $\boldsymbol{u} = (u_1, u_2, u_3)^{\mathrm{T}}$, 压力为 p, 粘性系数为 η, 单位质量的质量力分布函数为 $\boldsymbol{F}$. 考虑不可压缩抛光液流体满足的连续性方程

为
$$\nabla \cdot \boldsymbol{u} = 0. \tag{8.5.1}$$

运动方程为
$$\rho \frac{\partial \boldsymbol{u}}{\partial t} + \rho \boldsymbol{u} \cdot \nabla \boldsymbol{u} = -\nabla p + \eta \Delta \boldsymbol{u} + \rho \boldsymbol{F}. \tag{8.5.2}$$

假设抛光液流体在流动过程中满足下面的假设条件:

(1) CMP 过程中载荷完全由抛光液来承载, 晶片由于抛光液的隔离完全与抛光垫分离, 因为膜厚比较薄, 所以忽略质量力.

(2) 假设抛光液是牛顿粘性流体, 在 CMP 过程中是稳态不可压的, 流体的动力学粘性系数是常数 η.

(3) 满足无量纲润滑条件.

(4) 在 z 轴方向总压力梯度为 0, z 轴方向的速度忽略不计.

在上述假设条件下, 抛光液流体满足的连续性方程为
$$\frac{\partial u_1}{\partial x} + \frac{\partial u_2}{\partial y} = 0 . \tag{8.5.3}$$

运动方程为
$$\frac{\partial p}{\partial x} + \rho u_1 \frac{\partial u_1}{\partial x} + \rho u_2 \frac{\partial u_1}{\partial y} = \eta \frac{\partial^2 u_1}{\partial z^2}, \tag{8.5.4}$$

$$\frac{\partial p}{\partial y} + \rho u_1 \frac{\partial u_2}{\partial x} + \rho u_2 \frac{\partial u_2}{\partial y} = \eta \frac{\partial^2 u_2}{\partial z^2}, \tag{8.5.5}$$

$$\frac{\partial p}{\partial z} = 0. \tag{8.5.6}$$

将式 (8.5.4)~式 (8.5.6) 化为柱坐标形式得
$$\frac{\partial rw}{\partial r} + \frac{\partial u}{\partial \theta} = 0 , \tag{8.5.7}$$

$$\frac{\partial p}{\partial r} + \rho w \frac{\partial w}{\partial r} + \rho \frac{u}{r} \frac{\partial w}{\partial \theta} - \rho \frac{u^2}{r} = \eta \frac{\partial^2 w}{\partial z^2}, \tag{8.5.8}$$

$$\frac{1}{r} \frac{\partial p}{\partial \theta} + \rho w \frac{\partial u}{\partial r} + \rho \frac{u}{r} \frac{\partial u}{\partial \theta} + \rho \frac{wu}{r} = \eta \frac{\partial^2 u}{\partial z^2}, \tag{8.5.9}$$

$$\frac{\partial p}{\partial z} = 0. \tag{8.5.10}$$

其中, w, u 分别为抛光液的径向和周向速度.

由式 (8.5.10) 可知, 压力 p 变化只与 (x,y) 有关, 即 $p = p(r,\theta)$. 若记

$$\tilde{F}(w,u) = \rho w \frac{\partial w}{\partial r} + \rho \frac{u}{r} \frac{\partial w}{\partial \theta} - \rho \frac{u^2}{r}, \tag{8.5.11}$$

$$\tilde{G}(w,u) = \rho w \frac{\partial u}{\partial r} + \rho \frac{u}{r} \frac{\partial u}{\partial \theta} + \rho \frac{wu}{r}, \tag{8.5.12}$$

则对式 (8.5.11) 和式 (8.5.12) 分别沿 z 轴在 $[0,z]$ 上求两次积分就有

$$w = \frac{z^2}{2\eta} \frac{\partial p}{\partial r} + \frac{1}{\eta} \int_0^z \int_0^z \tilde{F}(w,u)\,\mathrm{d}z\,\mathrm{d}z + \frac{\partial w}{\partial z}\Big|_{z=0} z + w_0, \tag{8.5.13}$$

$$u = \frac{z^2}{2r\eta} \frac{\partial p}{\partial \theta} + \frac{1}{\eta} \int_0^z \int_0^z \tilde{G}(w,u)\,\mathrm{d}z\,\mathrm{d}z + \frac{\partial u_\theta}{\partial z}\Big|_{z=0} z + u_0. \tag{8.5.14}$$

其中, w_0, u_0 分别为 w, u 在 $z = 0$ 的值.

利用 Taylor 展开

$$\frac{\partial w}{\partial z}\Big|_{z=0} \approx \frac{w_h - w_0}{h} - \frac{h}{2} \frac{\partial^2 w}{\partial z^2}\Big|_{z=0}, \tag{8.5.15}$$

$$\frac{\partial u}{\partial z}\Big|_{z=0} \approx \frac{u_h - u_0}{h} - \frac{h}{2} \frac{\partial^2 u}{\partial z^2}\Big|_{z=0}, \tag{8.5.16}$$

其中, w_h, u_h 为 w, u 在 $z = h$ 时的值, h 为膜厚.

注意到式 (8.5.15) 和式 (8.5.16) 中的 $\frac{\partial^2 w}{\partial z^2}\Big|_{z=0}$ 和 $\frac{\partial^2 u}{\partial z^2}\Big|_{z=0}$ 可由运动方程 (8.5.4) 和 (8.5.5) 给出. 所以将式 (8.5.15) 和式 (8.5.16) 代入式 (8.5.13) 和式 (8.5.14), 然后再将式 (8.5.5) 代入连续方程 (8.5.7), 则有

$$\frac{\partial}{\partial r}\left[r\left(\frac{z^2 - hz}{2\eta}\frac{\partial p}{\partial r} + \frac{w_h - w_0}{h}z + w_0 + \frac{1}{\eta}\int_0^z\int_0^z\tilde{F}(w,u)\mathrm{d}z\mathrm{d}z - \frac{hz}{2\eta}\tilde{F}(w_0,u_0)\right)\right]$$
$$+ \frac{\partial}{\partial\theta}\left[\frac{z^2 - hz}{2r\eta}\frac{\partial p}{\partial r} + \frac{u_h - u_0}{h}z + u_0 + \frac{1}{\eta}\int_0^z\int_0^z\tilde{G}(w,u)\mathrm{d}z\mathrm{d}z - \frac{hz}{2\eta}\tilde{G}(w_0,u_0)\right] = 0.$$

上式沿 z 轴 ($z \in [0,h]$) 积分, 对积分项用中矩形公式进行近似, 就可以得到具有对流效应的 CMP 润滑方程

$$\frac{\partial}{\partial r}\left(rh^3\frac{\partial p}{\partial r}\right) + \frac{1}{r}\frac{\partial}{\partial\theta}\left(h^3\frac{\partial p}{\partial \theta}\right) = 6\eta\frac{\partial}{\partial r}[(w_h + w_0)h] + 6\eta[(u_h + u_0)h]$$
$$+ \frac{\partial}{\partial r}[rh^3(\tilde{F}(w_h,u_h) - 2\tilde{F}(w_0,u_0))]$$
$$+ \frac{\partial}{\partial\theta}[h^3(\tilde{G}(w_h,u_h) - 2\tilde{G}(w_0,u_0))], \tag{8.5.17}$$

这里的 $\tilde{F}(w_h,u_h), \tilde{F}(w_0,u_0)$ 分别为式 (8.5.11) 所定义的函数在 $z = h, z = 0$ 时的值; $\tilde{G}(w_h,u_h), \tilde{G}(w_0,u_0)$ 分别为式 (8.5.12) 所定义的函数在 $z = h, z = 0$ 时的值.

若记晶片中心处的膜厚 h_{piv}, 晶片和倾角分别为 α, β, 则在坐标 (r, θ) 处的膜厚 h 满足

$$h = h_{\mathrm{piv}} - r\sin\alpha\cos\theta - r\sin\beta\sin\theta. \tag{8.5.18}$$

抛光液在晶片与抛光垫之间的速度满足如下边界条件:

$$\begin{cases} u_0 = (r + d\cos\theta)\omega_{\mathrm{p}}, \\ w_0 = d\sin\theta\omega_{\mathrm{p}}, \quad z = 0, \\ u_h = r\omega_{\mathrm{w}}, \\ w_h = 0, \quad z = h. \end{cases} \tag{8.5.19}$$

其中, ω_{w} 为晶片的转速, ω_{p} 为抛光垫的转速, d 为抛光垫中心到晶片中心的距离.

8.5.2　具有对流效应的铁磁流体 CMP 润滑方程的推导

在 8.5.1 节的基础上, 我们考虑抛光液是铁磁流体的情形. 此时铁磁流体抛光液除满足 8.5.1 节的假设外, 还假定铁磁流体抛光液为顺磁材料, 且铁磁流体抛光液在外界磁场的磁化过程是线性的, 即其磁化强度与外界的磁场强度成正比, 铁磁流体抛光液是不导电的. 这时铁磁流体抛光液满足的函数关系如下:

(1) 磁化强度关系. 磁感应强度 $\boldsymbol{B} = (B_1, B_2, B_3)^{\mathrm{T}}$, 磁化强度 $\boldsymbol{M} = (M_1, M_2, M_3)^{\mathrm{T}}$ 和磁场强度 $\boldsymbol{H} = (H_1, H_2, H_3)^{\mathrm{T}}$ 之间的关系为

$$\boldsymbol{M} = \chi\boldsymbol{H},$$

$$\boldsymbol{B} = \mu_0(\boldsymbol{h} + \boldsymbol{M}) = \mu_0(1 + \chi)\boldsymbol{H} = \mu\boldsymbol{H}, \tag{8.5.20}$$

其中, χ 为磁化率, μ_0 为真空磁导率, μ 为磁介质的磁导率.

(2) 连续性方程

$$\frac{\partial u_1}{\partial x} + \frac{\partial u_2}{\partial y} = 0. \tag{8.5.21}$$

(3) 运动方程组

$$\frac{\partial p^*}{\partial x} + \rho u_1 \frac{\partial u_1}{\partial x} + \rho u_2 \frac{\partial u_1}{\partial y}$$

$$= \eta \frac{\partial^2 u_1}{\partial z^2} + \mu_0\left(M_1 \frac{\partial H_1}{\partial x} + M_2 \frac{\partial H_1}{\partial y} + M_3 \frac{\partial H_1}{\partial z}\right), \tag{8.5.22}$$

$$\frac{\partial p^*}{\partial y} + \rho u_1 \frac{\partial u_2}{\partial x} + \rho u_2 \frac{\partial u_2}{\partial y}$$

$$= \eta \frac{\partial^2 u_2}{\partial z^2} + \mu_0\left(M_1 \frac{\partial H_2}{\partial x} + M_2 \frac{\partial H_2}{\partial y} + M_3 \frac{\partial H_2}{\partial z}\right), \tag{8.5.23}$$

$$\frac{\partial p^*}{\partial z} = \mu_0 \left(M_1 \frac{\partial H_3}{\partial x} + M_2 \frac{\partial H_3}{\partial y} + M_3 \frac{\partial H_3}{\partial z} \right). \tag{8.5.24}$$

其中, $p^* = p + \mu_0 H^2/2$.

(4) 麦克斯韦方程组. 进一步, 假设磁流体抛光液是不导电的. 麦克斯韦方程组为

$$\nabla \cdot \boldsymbol{B} = 0 , \tag{8.5.25}$$

$$\nabla \times \boldsymbol{H} = 0. \tag{8.5.26}$$

如果还假定磁场强度的变化只与 x, y 有关, 即 $\boldsymbol{H} = \boldsymbol{H}(x, y)$, 则运动方程组简化为

$$\frac{\partial p^*}{\partial x} + \rho u_1 \frac{\partial u_1}{\partial x} + \rho u_2 \frac{\partial u_1}{\partial y} = \eta \frac{\partial^2 u_1}{\partial z^2} + \mu_0 \left(M_1 \frac{\partial H_1}{\partial x} + M_2 \frac{\partial H_1}{\partial y} \right), \tag{8.5.27}$$

$$\frac{\partial p^*}{\partial y} + \rho u_1 \frac{\partial u_2}{\partial x} + \rho u_2 \frac{\partial u_2}{\partial y} = \eta \frac{\partial^2 u_2}{\partial z^2} + \mu_0 \left(M_1 \frac{\partial H_2}{\partial x} + M_2 \frac{\partial H_2}{\partial y} \right), \tag{8.5.28}$$

$$\frac{\partial p^*}{\partial z} = 0. \tag{8.5.29}$$

若用 H_r, H_θ 分别表示磁场强度 $\boldsymbol{H}$ 在 r, θ 方向的分量, M_r, M_θ 表示磁场强度 $\boldsymbol{M}$ 在 r, θ 方向的分量, 则式 (8.5.21)~式 (8.5.24) 的柱坐标形式为

$$\frac{\partial rw}{\partial r} + \frac{\partial u}{\partial \theta} = 0, \tag{8.5.30}$$

$$\frac{\partial p^*}{\partial r} + \rho u_r \frac{\partial u_r}{\partial r} + \rho \frac{u_\theta}{r} \frac{\partial u_r}{\partial \theta} - \rho \frac{u_\theta^2}{r}$$

$$= \eta \frac{\partial^2 u_r}{\partial z^2} + \mu_0 \left(M_r \frac{\partial H_r}{\partial r} + \frac{\partial M_\theta}{r} \frac{\partial H_r}{\partial \theta} - \frac{M_\theta H_\theta}{r} \right), \tag{8.5.31}$$

$$\frac{1}{r} \frac{\partial p^*}{\partial \theta} + \rho u_r \frac{\partial u_\theta}{\partial r} + \rho \frac{u_\theta}{r} \frac{\partial u_\theta}{\partial \theta} + \rho \frac{u_r u_\theta}{r}$$

$$= \eta \frac{\partial^2 u_\theta}{\partial z^2} + \mu_0 \left(M_r \frac{\partial H_\theta}{\partial r} + \frac{M_\theta}{r} \frac{\partial H_\theta}{\partial \theta} + \frac{M_r H_\theta}{r} \right), \tag{8.5.32}$$

$$\frac{\partial p^*}{\partial z} = 0. \tag{8.5.33}$$

由式 (8.5.30)~式 (8.5.33) 的四个方程可知: 压力 p^* 的变化只与 r, θ 有关, 而与 z 无关, 即 $p^* = p^*(r, \theta)$, 类似于具有对流效应的 CMP 模型的推导, 记

$$F'(\boldsymbol{M}, \boldsymbol{H}) = \mu_0 \left(M_r \frac{\partial H_r}{\partial r} + \frac{M_\theta}{r} \frac{\partial H_r}{\partial \theta} - \frac{M_\theta H_\theta}{r} \right), \tag{8.5.34}$$

$$G'(\boldsymbol{M}, \boldsymbol{H}) = \mu_0 \left(M_r \frac{\partial H_\theta}{\partial r} + \frac{M_\theta}{r} \frac{\partial H_\theta}{\partial \theta} - \frac{M_r H_\theta}{r} \right), \tag{8.5.35}$$

则由式 (8.5.30)~式 (8.5.33) 可得

$$\frac{\partial}{\partial r} \left\{ r \left[\frac{z^2 - hz}{2\eta} \frac{\partial p}{\partial r} + \frac{u_{rh} - u_{r0}}{h} z + u_{r0} + \frac{1}{\eta} \int_0^z \int_0^z \left(\tilde{F}(u_r, u_\theta) - F(\boldsymbol{M}, \boldsymbol{H}) \right) \mathrm{d}z \, \mathrm{d}z \right. \right.$$

$$\left. - \frac{hz}{2\eta} \left(\tilde{F}(u_{r0}, u_{\theta 0}) - F(\boldsymbol{M}, \boldsymbol{H}) \right) \right] \right\} + \frac{\partial}{\partial \theta} \left\{ \frac{z^2 - hz}{2r\eta} \frac{\partial p}{\partial \theta} + \frac{u_{\theta h} - u_{\theta 0}}{h} z + u_{\theta 0} \right.$$

$$\left. + \frac{1}{\eta} \int_0^z \int_0^z [\tilde{G}(u_r, u_\theta) - G(\boldsymbol{M}, \boldsymbol{H})] \, \mathrm{d}z \, \mathrm{d}z - \frac{hz}{2\eta} [\tilde{G}(u_{r0}, u_{\theta 0}) - G(\boldsymbol{M}, \boldsymbol{H})] \right\} = 0. \tag{8.5.36}$$

对上式积分项采用中矩形公式, 就得到磁流体 CMP 的润滑方程

$$\frac{\partial}{\partial r} \left(rh^3 \frac{\partial p}{\partial r} \right) + \frac{1}{r} \frac{\partial}{\partial \theta} \left(h^3 \frac{\partial p}{\partial \theta} \right) = 6\eta \frac{\partial}{\partial r} [(u_{rh} + u_{r0})rh] + 6\eta [(u_{\theta h} + u_{\theta 0})h]$$

$$+ \frac{\partial}{\partial r} [rh^3 (\tilde{F}(u_{rh}, u_{\theta h}) - 2\tilde{F}(u_{r0}, u_{\theta 0}))]$$

$$+ \frac{\partial}{\partial \theta} [h^3 (\tilde{G}(u_{rh}, u_{\theta h}) - 2\tilde{G}(u_{r0}, u_{\theta 0}))]$$

$$+ \frac{\partial}{\partial r} [rh^3 F(\boldsymbol{M}, \boldsymbol{H})] + \frac{\partial}{\partial \theta} [h^3 G(\boldsymbol{M}, \boldsymbol{H})]. \tag{8.5.37}$$

磁流体 CMP 模型的边界条件和膜厚方程与 8.5.1 节中的一样, 分别满足式 (8.5.17) 和式 (8.5.19). 外磁场条件近似为均匀磁场.

8.5.3　数值实验及其实验结果分析

下面根据具体的边界条件和膜厚方程进行数值实验, 通过数值结果来分析 8.5.1 节和 8.5.2 节中两种模型抛光液的流动规律及压力分布.

两种 CMP 模型的标准实验参数如下: 晶片转速 $\omega_\mathrm{w} = 50\mathrm{r/min}$, 抛光垫转速 $\omega_\mathrm{p} = 100\mathrm{r/min}$, 中心膜厚 $h_\mathrm{piv} = 80\mathrm{\mu m}$, 转角 $\alpha = 0.02°$, 转角 $\beta = 0.018°$, 粘性系数

η=0.00214kg·m/s,外界压力 $p_0 = 101$kPa, 晶片与抛光垫之间的中心距 $d = 150$mm, 晶片半径 $r_0 = 50$mm. 为减少数值误差, 首先对两种 CMP 模型润滑方程进行无量纲化, 对无量纲化后方程的微分离散都采用中心差分格式, 对方程的迭代求解都采用 Chebyshev 加速超松弛技术.

1. 具有对流效应的 CMP 模型的数值结果与分析

无量纲半径仍记为 r, 一般润滑方程, 带离心力润滑方程以及具有对流效应的 CMP(模型一) 润滑方程求解得到的二维无量纲压力分布图如图 8.7~图 8.9 所示.

(1) 与图 8.7 相比, 图 8.9 因在此模型中考虑了对流项效应的影响, 所以会明显地改变压力的分布, 而且对流项中含有离心力项, 所以对流项的作用会把高压区略微推向中间, 这和只考虑离心力的图 8.8 类似. 并且从图 8.9 中可看出, 图 8.9 高压区的最高值会比图 8.7 高压区的最高值大, 这是因为在模型中考虑的对流项含有离心力项, 这也和只考虑离心力的图 8.8 类似.

(2) 与图 8.8 相比, 图 8.9 高压区的最大值比图 8.8 高压区的最大值要小. 这是因为图 8.8 只考虑离心力对压力的影响, 而图 8.9 中的对流项中除了离心力外, 还

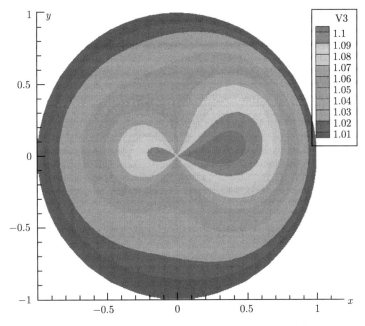

图 8.7   一般情况的二维无量纲压力分布图 (后附彩图)

图中坐标为无量纲抛光垫的直径

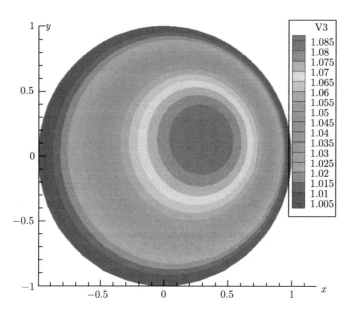

图 8.8　考虑离心力的二维无量纲压力分布图 (后附彩图)

图中坐标为无量纲抛光垫的直径

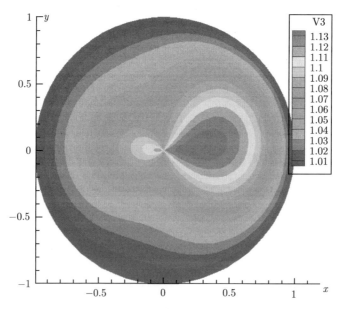

图 8.9　模型一的二维无量纲压力分布图 (后附彩图)

图中坐标为无量纲抛光垫的直径

考虑了其他的项, 如

$$\rho \left(u_r \frac{\partial u_r}{\partial r} + \frac{u_\theta}{r} \frac{\partial u_r}{\partial \theta} \right), \quad \rho \left(u_r \frac{\partial u_\theta}{\partial r} + \frac{u_\theta}{r} \frac{\partial u_\theta}{\partial \theta} \right)$$

对流体压力的影响. 从数值模拟的图形上也可看出, 这些多出的项会削弱离心力的影响.

(3) 综合比较图 8.7~图 8.9 可知, 图 8.9 的压力分布介于图 8.7 与图 8.8 之间, 这也与各自相应的润滑方程相符合, 而且在图 8.9 的高压区对面会有一个相对的低压区, 这与一般的实验结果相吻合.

图 8.10 考察了中心膜厚 (h_{piv} 对 $\overline{W}_{\mathrm{f}}, \overline{W}_x, \overline{W}_y$) 的影响, 从图中可以看出当中心膜厚逐渐增大的时候, 无量纲荷载以及转矩的绝对值都逐渐减小. 特别是当中心膜厚大于 $100\mu\mathrm{m}$ 时, 无量纲荷载趋于 1, 无量纲转矩都趋于 0. 这与一般的润滑方程计算的结果一致.

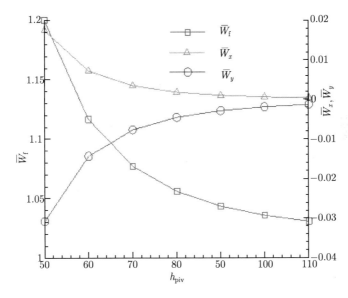

图 8.10   模型一的中心膜厚 h_{piv} 对 $\overline{W}_{\mathrm{f}}, \overline{W}_x, \overline{W}_y$ 的影响

图 8.11 和图 8.12 分别给出了转角和倾角对无量纲载荷和转矩的影响. 无量纲载荷随转角的绝对值增大而增加, 特别地, 当转角大于 0° 时, 增加比较快, 且并不关于 0° 转角对称, 转矩的变化趋势基本符合一般规律. 值得注意的是, 在小于 0° 时, 倾角 β 增加对 $\overline{W}_x$ 的影响是直线下降, 但随着倾角的变化 $\overline{W}_x$ 也逐渐增大, 这与已有润滑方程得到的结果有区别 (高太元等, 2008), 这主要是与流体流动的方向有关. 倾角角度对无量纲载荷以及 $\overline{W}_y$ 的影响也基本符合一般规律.

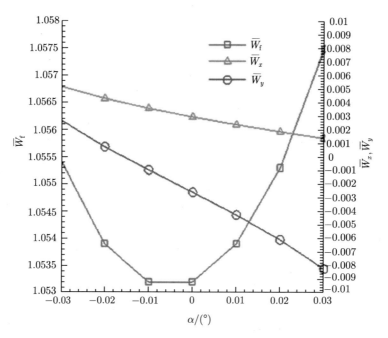

图 8.11　模型一的转角 α 对 $\overline{W}_{\mathrm{f}}, \overline{W}_x, \overline{W}_y$ 的影响

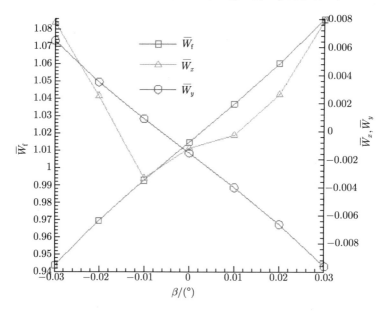

图 8.12　模型一的倾角 β 对 $\overline{W}_{\mathrm{f}}, \overline{W}_x, \overline{W}_y$ 的影响

2. 具有对流效应的磁流体 CMP 模型的数值结果与分析

在第一个模型的基础上, 数值研究抛光液为铁磁流体且具有对流效应的 CMP

模型 (模型二). 加入的外磁场可以认为是由两块大的平行磁铁激发的, 其数值近似认为是线性的. 在数值计算中, 外磁场不完全满足麦克斯韦方程组. 图 8.13 给出了不同磁场强度 H 的无量纲二维压力分布. 绝对磁导率 μ 与密度成正比, 其大小为 $|\mu| = |\rho|$. 其他计算参数与第一个模型所给参数相同.

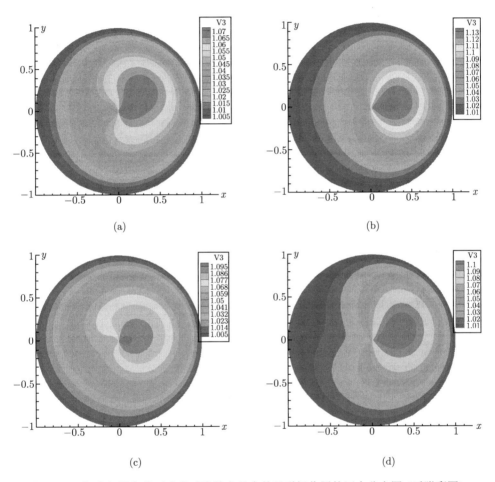

图 8.13　标准初始条件下考虑对流效应且有外界磁场作用的压力分布图 (后附彩图)

图中坐标为无量纲抛光垫的直径. 外界磁场分别为:

(a) $\boldsymbol{H} = \left(\dfrac{1}{\sqrt{2\,\pi}} \times (10^5 + 10^5 x), 0 \right)^{\mathrm{T}}$; (b) $\boldsymbol{H} = \left(\dfrac{-1}{\sqrt{2\,\pi}} \times (10^5 + 10^5 x), 0 \right)^{\mathrm{T}}$;

(c) $\boldsymbol{H} = \left(0, \dfrac{1}{\sqrt{2\,\pi}} \times (10^5 + 10^5 y) \right)^{\mathrm{T}}$; (d) $\boldsymbol{H} = \left(0, \dfrac{-1}{\sqrt{2\,\pi}} \times (10^5 + 10^5 y) \right)^{\mathrm{T}}$

与图 8.9 比较可知在图 8.13(a) 和 (b) 中, 当磁场强度 $\boldsymbol{H}$ 与 x 的正方向平行时, 磁场的加入会使得压力分布更加均衡, 且会降低高压区的最大值, 改变压力的分布, 使得压力场的图形向上扭曲; 当磁场强度 H 与 x 的负方向平行时, 磁场的加入会使得高压区的最大值更大, 但对压力场的图形变化不大.

与图 8.9 比较可知在图 8.13(c) 和 (d) 中, 当磁场强度 H 与 y 的正方向平行时, 磁场的加入会使得压力分布更加均衡, 且会降低高压区的最大值, 压力场的图形向左扭曲; 当磁场强度 H 与 y 的负方向平行时, 磁场的加入会使得高压区的最大值增大, 压力场的图形向右扭曲.

综上所述, 在磁流体 CMP 过程中加入外磁场, 可以通过对外磁场的调节, 改变磁流体 CMP 过程中的流体流动形态, 从而合理改变其压力的分布大小和均匀性. 这样使得在 CMP 过程中的压力分布更加均匀合理, 增加了晶片的抛光质量.

8.5.4　结论

本章推导出具有对流效应的 CMP 润滑方程, 在此基础上研究磁流体 CMP 模型, 并推导出磁流体抛光液的 CMP 润滑方程. 获得如下数值结果:

(1) 考虑 CMP 过程中抛光液的对流效应, 所得数值结果与实际情况更符合, 能更真实地反映 CMP 过程中流体的流动性能和压力分布, 有助于更进一步地认识 CMP 机理.

(2) 数值结果表明, 当外界磁场对磁流体产生的开尔文力与流体产生的压力数量级相差不大的时候, 可以通过对磁场的调节改变流体压力的分布大小, 从而使得 CMP 中晶片的抛光更加平整迅速. 这对开发新的 CMP 技术有一定的指导作用.

本章讨论的磁流体 CMP 模型中仅考虑了一种近似的磁场, 如何分析真实磁场对 CMP 的影响还须进一步研究.

参 考 文 献

高太元, 李明军, 高智. 2007. CMP 润滑方程的 Chebyshev 加速松弛法求解. 自然科学进展, 17(12):1724-1728.

高太元, 李明军, 胡利民, 等. 2008. CMP 流场的数值模拟及离心力影响分析. 力学学报, 40(6):729-734.

雷红, 雒建斌, 马俊杰. 2002. 化学机械抛光 (CMP) 技术的发展、应用及存在问题. 润滑与密封, 04:73-76.

温诗铸, 杨沛然. 1992. 弹性流体动力润滑. 北京: 清华大学出版社.

张朝辉, 杜永平, 雒建斌. 2006. CMP 中接触与流动关系的分析. 科学通报, 51(16):1691-1695.

Borin D Y, Korolev V V, Ramazanova A G, et al. 2016. Magnetoviscous effect in ferrofluids with different dispersion media. Journal of Magnetism & Magnetic Materials, 416:110-116.

Cho C H, Park S S, Ahn Y. 2001. Three-dimensional wafer scale hydrodynamic modeling for chemical mechanical polishing. Thin Solid Films, 389 (1/2) :254-260.

Cowley M D, Rosensweig R E. 1967. The interfacial instability of a ferromagnetic fluid. Journal of Fluid Mechanics, 30(4):671-688.

Daechee K, Hyoungjae K, Haedo J. 2006. Heat and effects to chemical mechanical polishing. Journal of Materical Processing Technology, 178:82-87.

Fu M N, Chou F C. 1999. Flow simulation for chemical mechanical planarization. Japanese Journal of Applied Physics, 38:4709-4714.

Ganguly R, Sen S, Puri I K. 2004. Heat transfer augmentation using a magnetic fluid under the influence of a line dipole. Journal of Magnetism and Magnetic Materials, 271(01):63-73.

Hemmer P C, Imbro D. 1977. Ferromagnetic fluids. Physical Review A (General Physics), 16(1):380-386.

Kamiyama S, Koike K, Iizuka N. 1979. On the flow of a ferromagnetic fluid in a circular tube : 1st report, flow in the homogeneous magnetic field. Bull. JSME, 23: 120.

Kamiyama S, Koike K, Iizuka N. 1979. On the flow of a ferromagnetic fluid in a circular pipe : Report 1, flow in a uniform magnetic field. Bulletin of JSME, 22(171):1205-1211.

Kamiyama S, Oyama T, Htwe J. 1985. Proceeding of JSLE International Tribology Conference:Basic study on the performance of magnetic fluid seals(page 985-990). Tokyo: Elsevier.

Kamiyama S, Koike K, Wang Z S. 1987. Rheological characteristics of magnetic fluids. JSME International J., 30(263): 761-766.

Kim N H, Ko P J, Choi G W, et al. 2006. Chemical mechanical polishing (CMP) mechanisms of thermal SiO_2 film after high-temperature pad conditioning. Thin Solid Films, 504 (1/2): 166-169.

Kumar A, Makhija S. 2014. Hall effect on thermal stability of ferromagnetic fluid in porous medium in the presence of horizontal magnetic field. Thermal Science, 18(10):503-514.

Lever J A, Mess F M, Salant R F. 1998. Mechanisms of chemical-mechanical polishing of SiO_2 dielectric on integrated circuits. Tribology Transactions, 41(4):593-599.

Neuninger J L, Rosensweig R E. 1964. Ferrohydrodynamics. Physics of Fluids (1958—1988), 7(12):1927-1937.

Ng S H. 2005. Measurement and Modeling of Fluid Pressures in Chemical Mechanical Polishing. PhD thesis, Georgia Institute of Technology.

Niu X D, Yamaguchi H, Zhang X R, et al. 2010. Rheological characteristics of magnetic viscoelastic fluids and their lubrication in a cone-plate magnetic coupling. Physics Procedia, 9:105-108.

Odenbach S, Liu M. 2001. Invalidation of the Kelvin force in ferrofluids. Physical Review Letters, 86:328-331.

Odenbach S, Thurm S. 2002. Magnetoviscous Effects in Ferrofluids. New York: Springer-Verlag.

Patir N, Cheng H S. 1978. An average flow model for determining effects of three-dimensional roughness on partial hydrodynamic lubrication. Journal of Lubrication Technology, 100:12-17.

Patir N, Cheng H S. 1978. Application of average flow model to lubrication between rough sliding surfaces. Journal of Lubrication Technology, 101: 220-230.

Rosensweig R E. 1995. Ferrohydrodynamics. New York: Dover Publications.

Rosensweig R E, Daiser R, Miskolczy G.1969. Voscosity of magnetic fluid in a magnetic field. J. Colloid and Interface Sci., 29(4): 680-686.

Shliomis M I. 1967. Hydrodynamics of a Liquid with Intrinsic Rotation. Soviet Journal of Experimental & Theoretical Physics, 24: 173-177.

Shliomis M I. 1972. Effective Viscosity of Magnetic Suspensions. Soviet Journal of Experimental & Theoretical Physics, 34(34): 1291-1294.

Shukla J B, Kumar D. 1987. A theory for ferromagnetic lubrication. Journal of Magnetism & Magnetic Materials, 65(2/3): 375-378.

Sundararajan T, Thakurta D G, Schwendeman D W, et al. 1999. Two-dimensional wafer-scale chemical mechanical planarization models based on lubrication theory and mass transport. J. Electrochem. Soc., 146(2): 761-766.

Tichy J, Levert J A, Shan L, et al. 1999. Contact mechanics and lubrication hydrodynamics of chemical mechanical polishing. Journal of the Electrochemical Society, 146(4): 1523-1528.

Tipei N. 1982. Theory of lubrication with ferrof luids: application to short bearings. Journal of Tribology, 104(4): 510-515.

Tipei N. 1983. Overall characteristics of bearings lubricated with ferrofluids. Journal of Tribology, 105(3): 466-475.

Walker J S, Buckmaster J D. 1979. Ferrohydrodynamic thrust bearings. International Journal of Engineering Science, 17(11): 1171-1182.

Yamaguchi H. 2008 Engineering Fluid Mechanics. New York: Springer-Verlag.

Zhang C H, Luo J B, Wen S Z. 2004. Multigrid technique incorporated algorithm for CMP lubrication equations. Progress in Natural Science, 14(4): 369-372.

Zhou C, Shan L, Hight J R, et al. 2002. Fluid pressure and its effects on chemical mechanical polishing. Wear, 2002, 253 (3/4) :430-437.

第 9 章　铁磁流体发电

9.1　微型的电能供应装置

　　日本工程院院士、同志社大学能源交换研究中心山口博司教授领导的实验室在国际上首先设计了一个微型分布式供能系统 (Yamaguchi et al., 2008), 如图 9.1 所示. 该系统由铁氧化物磁性流体通过磁场产生电压而获得, 这种发电方法基于磁流体动力学 (MHD) 基本原理 (Khoo and Liu, 2001; Hunter and Lafontaine, 1992).

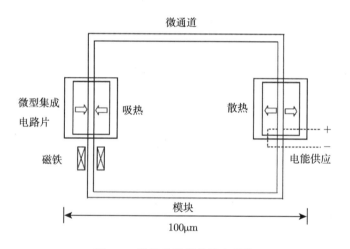

图 9.1　微型的磁流体发电系统

　　传统的磁流体发电系统使用液态金属、等离子气体或固体燃料产生电子电流, 从而大大提高发电效率. 自 20 世纪 50 年代以来, 许多研究人员关注磁流体发电系统的设计与应用. MHD 发电系统需要高温气体源, 可从核反应堆或更高温燃烧气体通过燃烧化石燃料, 包括煤炭和金属, 在燃烧室中产生冷却液. 使用固体燃料磁流体发电能的温度可达 $3000 \sim 4000℃$, 在管道中穿过的时间很短 (Monz et al., 2008). 很明显, 如果用高熔点金属作为磁流体发电的工质, 则该系统不适合居民生活的需要. 目前, 山口博司实验室克服了这个困难, 设计搭建了一套微型分布式能源供应系统 (Ramanujan and Lao, 2006; Osada et al., 2002). 这类供能系统是无毒药, 无污染, 高效且非常方便的, 未来可广泛地应用于居民生活 (Rosensweig, 1985; Muller and Buhler, 2001).

9.2 铁磁流体发电实验系统

本节介绍铁磁流体发电实验系统,该系统应用导电聚合物及其混合物作为 MHD 发电的实验流体,就作者所知,现今还没有关于在磁场作用下应用导电聚合物及其混合物作为实验流体的研究工作,本工作目的在于研究将来微型供电装置,因为在此装置中,实验流体的磁性和导电性可以同时发挥作用. 本书不仅研究了此装置的电能输出性能,而且还通过系统的理论分析来研究提高电能输出的影响因素.

9.2.1 实验装置

为了让拟建的磁流体发电装置获得更好的研究效果,设计搭建了一个实验装置,并进行了实验测量,实验装置如图 9.2 所示. 搭建的实验装置主要由泵、电磁流量计、控温部分、发电部分和输出电能测量部分组成. 这里应该提到的是,作为研究可行性的第一步,在微型分布式供能系统中使用建议的流体作为工作流体,实验装置不是建立在一个非常小的尺寸的基础上.

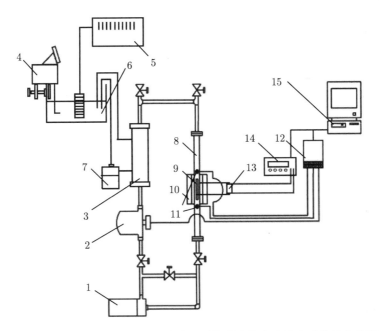

图 9.2　采用导电聚合物及其混合物作为工质的磁流体电力输出系统的实验装置图

1. 泵; 2. 流量计; 3. 温度控制单元; 4. 恒温箱; 5. 冷却器; 6. 储水池; 7. 循环器; 8. 实验管道; 9. 电极; 10. 永久磁铁; 11. 热电偶; 12. 数据记录器; 13. 电阻; 14. 静电计; 15. 计算机

在此实验系统中,实验流体由泵控制循环流动,流速通过控制泵的旋转速度来加以调节. 电磁流量计 (由 Oval 公司提供) 用来测量流体的速度, 精确度为 ±0.2%.

在实验测量过程中, 实验流体的温度由控温部分加以调节和控制. 控温部分由温度控制单元、恒温器 (由 ADVANTEC 提供)、制冷器 (由 Thomas Kagaku 公司提供)、水箱和循环器组成. 通过控温部分调节实验流体的温度, 用恒温器和制冷器调节水箱中水的温度, 循环器将水箱中的水抽吸至控温部分来调节控制实验流体的温度. 控温部分可以在精确度为 ±0.01℃内有效地调节实验流体的温度.

如图 9.2 所示, 电能产出部分由试验管、电极和永磁铁组成 (由日本 Ltd 磁铁公司提供, Nd-Fe-B 磁铁). 电能产出部分展开图如图 9.3 所示. 试验管由有机玻璃组成, 是一个底面积为 (10×10)mm^2 的长方体实验流体管. 试验管内壁上安装了宽 (y 方向) 为 10mm 和长 (x 方向) 为 200mm 的电极, 如图 9.3 所示, 一对永磁体安装在试验管外壁面 z 方向上. 另外, 在试验管进口和出口 10mm 处, 两个热电偶用来测量实验流体的温度, 精确度为 ±0.1℃.

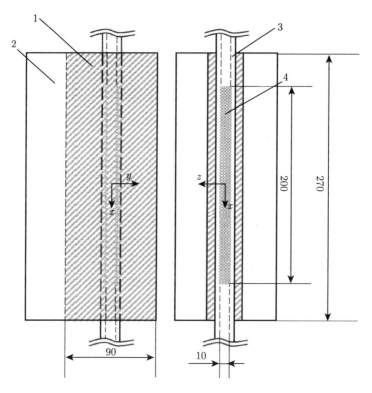

图 9.3   电能产出实验装置示意图 (单位: mm)

1. 永久磁铁; 2. 磁铁座; 3. 实验通道; 4. 电极

电能输出测量部分由数据记录仪、电阻、静电仪和数据处理器组成. 电阻为

5kΩ, 静电仪 (由 Keithley 公司提供) 的精确度为 ±0.004%. 静电仪用来测量电能输出部分的电流和电阻. 此外, 在实验中使用实时数据采集器. 本实验中, 通过数据采集器输出的数据可以作为时间的函数由计算机自动记录和传送, 时间间断样本为1.0s.

9.2.2　实验流体

MHD 发电实验是在磁场作用下利用导电聚合物及其混合物在室温和低成本下进行操作的. 在本研究中, 标号 MSGW11 的实验流体是由美国 Ferrotec 公司提供的, 这是一种水基磁流体. 该导电混合物是一种苯胺磺酸, 它在空气中非常稳定而且成本非常低. 在实验测试中, 先对所使用的质量浓度为 5% 的苯胺磺酸聚合物的水溶液的电导率进行测定, 结果如图 9.4 所示. 我们可以看出, 电导率随着温度的增加而增加, 而且导电聚合物在室温 25℃下的电导率为 13.1mS/cm, 并且与浓度为0.1mol/L 的 KCl 溶液的电导率值 12.9mS/cm 进行比较.

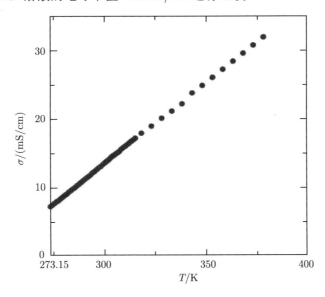

图 9.4　质量分数为 5% 时苯胺磺酸溶液聚合物作为工质的温度与电导率的测量关系

本实验应用了磁流体和导电聚合物的混合流体, 是一种水基磁流体 (日本磁性技术株式会社 Ferrotec 提供的铁磁流体标号为: MSGW11) 和氨基苯磺胺的聚合物以比重为 1 : 1 的比例混合而成的. 经测量, 混合后磁流体溶液很稳定, 甚至可以放置一个月之久. 实验测量了混合磁流体的电导率, 结果如图 9.5 所示. 同样发现电导率随着温度的增加而增加, 混合流体在室温 25℃下的电导率为 14.2mS/cm. 比较图 9.4 和图 9.5, 可以得出导电聚合物的电导率比混合磁流体的电导率更依赖于温度, 本书并没有讨论此种差异的原因.

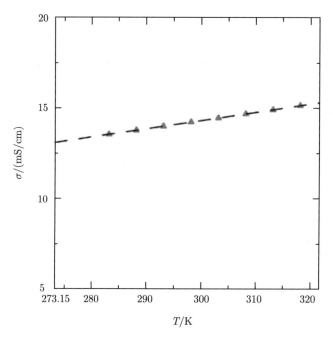

图 9.5　导电聚合物和铁磁流体的混合流体作为工质的温度与电导率的测量关系

　　精确度为 2% 的高斯计用来测量磁场通量密度, 磁场通量均值在 x 方向和 y 方向都测得为 256MT. 本书中所提到的结果都是在层流条件且雷诺数小于 150 的条件下得到的.

9.2.3　实验结果及其分析

　　本书的发电装置是基于法拉第电磁感应原理, 图 9.6 给出了法拉第发电装置原理图及等效的电路图. 从图 9.6 可以看出, 电动势和内电阻可以通过下面公式得到

$$V_0 = 2u_x B_z w, \tag{9.2.1}$$

$$r = \frac{w}{\sigma h L}, \tag{9.2.2}$$

可以定义 K 为

$$K = \frac{V}{V_0} = \frac{E}{u_x B_z} = \frac{R}{R + r}. \tag{9.2.3}$$

　　本书做了简单的理论分析以便获得此发电系统的电能输出值, 详细的理论分析可见 Ramanujan 和 Lao(2006) 所著文献:

$$G_{\text{out}} = -VJ = 4cu_x^2 B_z^2 K(1 - K)hwL. \tag{9.2.4}$$

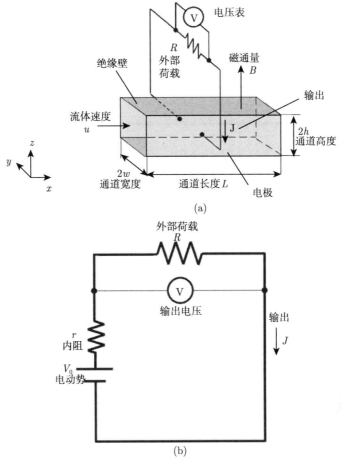

图 9.6 (a) 法拉第发电装置原理图; (b) 法拉第发电装置等效电路图

在现阶段研究中, 这是首次关于研究导电聚合物的电能输出值的研究. 关于电能输出的测量和计算的变量如图 9.7 所示, 可以看出, G_{out} 在室温 25℃和雷诺数 25 条件下的最大值是 1.0×10^{-11}W. 此结果并不是很满意, 因为尽管测量值和理论分析值很符合, 但 G_{out} 值太小. 但是另一方面, 此结果也是鼓舞人心的, 因为此装置是用于微型能量供应装置的. 在此, 我们必须指出, 我们选取雷诺数为 25, 因为当雷诺数大于 25 时, 由于所用混合流体的粘性作用, 实验将会失败, 因此, 我们将重点研究导电聚合物和磁流体混合物. $K=1$ 时不同雷诺数下的电动势值变化如图 9.8 所示, 从结果可以看出, 电动势的测量值和计算值比较符合, 同样可以看出电动势的值随着雷诺数的增加而增加, 因此, 雷诺数对电能输出值有很明显的影响作用, $Re=150$ 时测量电动势 $V_0 = 3.3 \times 10^{-4}$.

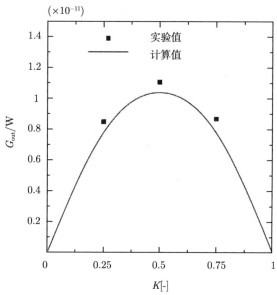

图 9.7 雷诺数为 25.0 且温度为 25℃时负载系数和电力输出关系

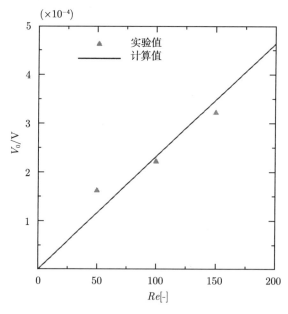

图 9.8 负载因子为 $K = 1$ 时磁流体电力输出实验与计算的电动势

采用磁流体与导电聚合物的混合物作为工质

不同雷诺数下 G_{out} 随着载荷因子的变化如图 9.9 所示, 实验值和计算值在图中都已给出, 我们可以看出, G_{out} 是随着载荷因子 K 增加而增加的, 直到 $K = 0.5$

停止增长, 大于 0.5, G_{out} 随着 K 的增加而减小. 不同雷诺数下, $K = 0.5$ 时, G_{out} 有最大值. 我们同样可以看出 G_{out} 是随着雷诺数的增加而增加的, 雷诺数对电能输出值 G_{out} 有很大的影响作用. 从图 9.9 的结果可以看出, 在现有的测量范围内, 我们可以得到 G_{out} 的一个最大值为 1.3×10^{-10}W. G_{out} 的理论分析值和实验值也很符合, G_{out} 值也同样很小. 将这种混合流体应用于正常规模的装置是不可行的, 但是有可能应用于图 9.1 所示的微型装置中, 为了得到一个更加实际可行的电能输出值, 我们需要更深一步地研究方程 (9.2.4). 在这个方程的基础上, 我们可以看出流体速度、磁场线密度以及流体电导率对 G_{out} 值影响很大. 在这些影响因素中, 特别是流体速度和磁场强度对 G_{out} 值影响更大, 因为 G_{out} 直接正比于速度的平方和磁场强度. 提高流体速度和磁场强度可以有效地增加 G_{out} 值. 因此, 要提高 G_{out} 值首先要考虑增加流体速度和磁场强度. 而且, 电导率在增加 G_{out} 值时同样是一个很重要的因素, 尽管所用的混合流体为高电导率的聚合物, 但是在现有的测量范围内, 所获得的小的 G_{out} 值和流体的小的电导率有关, 混合流体的电导率是导电液体金属电导率值的百万分之一, 为了得到一个实际可行的 G_{out} 值, 必须增加实验流体的电导率. 一些 MHD 发电方法中, 尽管水银的电导率很高, 但是高温下是有毒的. 在将来, 低熔点的合金可以作为可行的实验流体设计建立在室温下的应用于微型供电装置的 MHD 发电装置. 低熔点合金是无毒的, 而且有很高的电导率. 另外, 增加试验管的大小同样是一个提高 G_{out} 值的有效方法, 因为 G_{out} 值直接正比于试验管的长宽高.

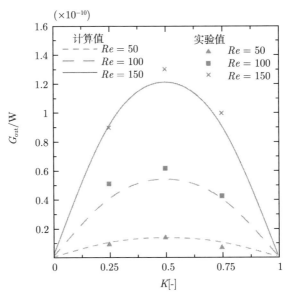

图 9.9 温度为 25℃时不同雷诺数下电能输出与负载因子的关系

9.2.4　结论

(1) 本节介绍了在磁场作用下利用导电聚合物及其混合物的 MHD 发电, 并设计搭建了实验装置, 进行了实验测量, 研究了电能输出值, 计算结果和实验结果很符合, 证实了本节中的理论分析.

(2) 电能输出值随着雷诺数、磁场强度和电导率的增加而增加, $K = 0.5$ 时, G_{out} 值有最大值.

(3) 从实验数据可以看出, 要得到更实际可行的电能输出值, 首先需要提高流体速度和磁场强度. 而且, 电导率也是一个非常重要的因素, 还必须提高电导率的值. 未来我们将利用低熔点的合金来作为实验流体, 因为这种流体在室温下同样有很高的电导率.

9.3　改进的铁磁流体发电实验系统

9.3.1　改进的实验装置

下面对已有的实验系统进行改进, 为了更好地研究磁流体发电, 搭建了一个微型的铁磁流体发电实验系统. 我们将原有的实验设备都进行了缩小. 整体的实验装置主要分为四个部分: 循环控制部分、温度控制部分、数据测量部分、发电部分, 如图 9.10 所示.

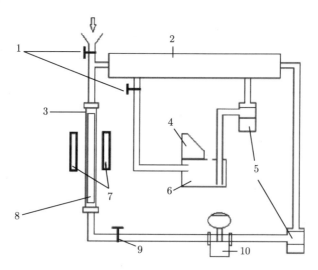

图 9.10　改进的实验装置示意图

1. 开关; 2. 热交换器; 3. 测试管; 4. 恒温箱; 5. 水泵; 6. 水槽; 7. 永磁铁;

8. 电极; 9. 速度调节器; 10. 流量计

示意图说明: 1 为开关, 分别用于控制磁流体进入测试管和控制水流循环; 2 为热交换器, 用于控制磁流体温度; 3 为测试管, 是发电的核心部分; 4 为恒温箱, 用于控制和记录水槽温度; 5 为水泵, 分别控制两个循环; 6 为水槽, 用于储存水; 7 为永磁铁, 用于产生磁场; 8 为电极, 放置于测试管内壁, 实验中与磁流体接触; 9 为速度调节器, 用于控制磁流体流动速度; 10 为流量计, 用于记录实验中磁流体的流速. 发电原理示意图如图 9.11 所示.

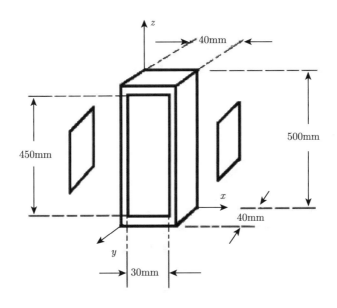

图 9.11　改进的发电系统原理示意图

我们整个的测试管为长方体形, 横截面是大小为 40mm×40mm 的正方形, 整个测试管长度为 500mm, 在 x 方向上放置了两块永磁铁, 用以产生磁场, 而放置于测试管内壁的铜质电极为长方形, 长为 450mm, 宽为 30mm.

9.3.2　实验所用流体

实验所用铁磁流体是由纳米磁性颗粒和基载液 (通常用水或者有机溶剂) 组成的胶体混合物, 在外磁场作用下, 铁磁流体很容易被磁化. 本书采用上海申和公司所提供的铁磁流体 MSG W11 和 MSG W10, 其基载液为水, 并且在一定的温度范围内, 实验用铁磁流体都非常稳定, 完全符合我们的实验要求, 其物理特性如表 9.1 和表 9.2 所示.

表 9.1 和表 9.2 中标准初始磁化率 (nominal initial magnetic susceptibility) 均为无量纲量. 从参数表 9.2 我们可以看出两种磁流体的主要区别在于饱和磁化强度、密度和标准初始磁化率, 且 MSG W10 的这些参数均大于 MSG W11 对应的

参数. 我们采用这两种铁磁流体分别做实验, 研究不同的铁磁流体对于发电效应的影响.

表 9.1　MSG W11 相关参数

外观属性	黑色流体	
载液	水	
典型粒径	10nm	
典型 pH 值	10	
	CGS 制	SI 制
饱和磁化强度	165G	16.5mT
密度	1.17g/cm^3	$1.17 \times 10^3 \text{kg/m}^3$
27℃时的粘度	< 5cSt[①]	< 5mPa · s
标准初始磁化率	0.17	2.13
标准表面张力	40dyn[②]/cm	40mN/m

① $1\text{St}=10^{-4}\text{m}^2/\text{s}$; ② $1\text{dyn}=10^{-5}\text{N}$.

表 9.2　MSG W10 相关参数

外观属性	黑色流体	
载液	水	
典型粒径	10nm	
典型 pH 值	10	
	CGS 制	SI 制
饱和磁化强度	185G	18.5mT
密度	1.19g/cm^3	$1.19 \times 10^3 \text{kg/m}^3$
27℃时的粘度	< 5cSt	< 5mPa · s
标准初始磁化率	0.19	2.29
标准表面张力	40dyn/cm	40mN/m

9.3.3　实验过程

如图 9.12 所示, 我们在 A 处加入磁流体, 在 B 处将水槽注满水, 然后启动两个水泵、流量计和恒温箱. 此时磁流体循环和热交换循环开始进行, 循环方向如图 9.12 箭头所示, 均为逆时针方向. 热交换则在 C 处实现. 当磁流体通过测试管时, 它便会在磁场的作用下切割磁感线产生感应电动势. 用万用表记录下电压、内阻、电流, 同时记录下相对应的磁流体温度和速度.

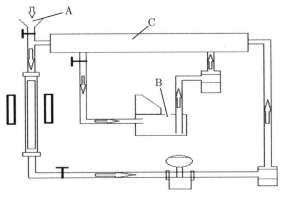

图 9.12   实验过程示意图

9.3.4   实验原理与结果分析

磁流体发电的理论依据是基于感生电动势的法拉第电磁感应定律. 图 9.13 给出了法拉第电磁感应定律的示意图, 图 9.14 给出法拉第发电机的等效电路示意图.

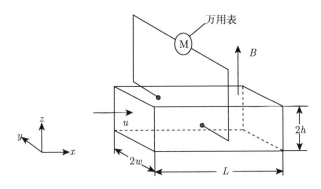

图 9.13   法拉第电磁感应原理

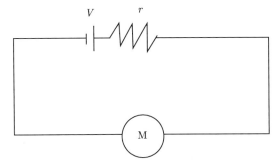

图 9.14   等效电路图

令 $L = 450\text{mm}$, $h = 15\text{mm}$, $w = 20\text{mm}$, 根据法拉第电磁感应定律, 电动势 V 和内阻 r 可以表示为

$$V = 2uBw$$

$$r = \frac{w}{\sigma h L}$$

其中, σ 为电导率, B 为磁感应强度.

图 9.15～图 9.19 给出了实验过程中记录的数据和磁流体发电的各项影响因素. 从图 9.15 可以看出, 当温度上升时, 电导率也随之增大. 从图 9.16 可以看出, 当磁流体的流动速度 v 增大时, 感应电动势也随之增大. 从图 9.17 和图 9.18 可以看出,

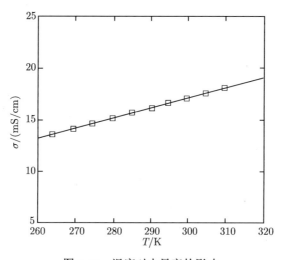

图 9.15　温度对电导率的影响

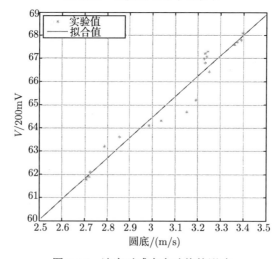

图 9.16　速度对感应电动势的影响

当温度增加时, 感应电动势和感应电流随之增大, 而内阻逐渐减小. 这就说明, 实验结论完全符合法拉第电磁感应定律. 另外还能够得出: 当外磁场强度增大时, 感应电动势也会随之增大. 从获得的实验数据与计算机程序设计的比较来看, 计算结果与实验数据吻合较好, 从而验证了所使用的理论在目前实际运用中的正确性.

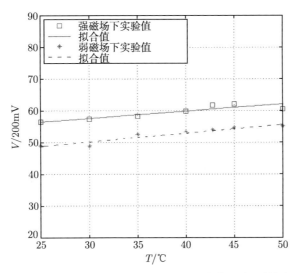

图 9.17 温度和外加磁场对感应电动势的影响比较图

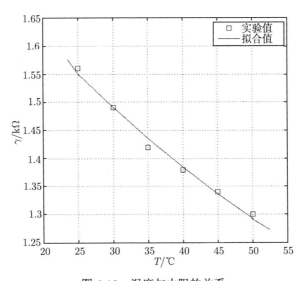

图 9.18 温度与内阻的关系

从图 9.19 可以看出, 当温度上升时, 感应电动势也随之增大, 但不够明显. 也

就是说, 要得到更有效的电力输出, 我们应该尽可能地增大磁流体的流速和外加磁
场的强度, 另外, 电导率也是一个影响感应电动势的重要因素, 熔点较低的合金通
常都具有很高的导电性, 被认为是一种很有潜力的磁性材料. 因此, 在室温下, 它们
也有可能作为我们的实验流体.

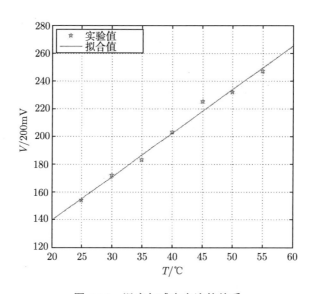

图 9.19　温度与感应电流的关系

　　注 (1) 和铁磁流体发电一样, 近来导电低熔点液态镓合金磁流体发电被诸多
学者关注 (Womack, 1975). 山口博司课题组设计了一套液态镓合金磁流体发电系
统 (Yamaguchi et al., 2011), 采用艾滋病传播数值模拟模型来设计实验装置并研究
其特性. 该问题的理论推导基于法拉第电磁感应定律这一理论基础. 实验结果表明
电力输出随流速、磁场强度和电导率的增大而增大, 理论预测、数值结果和实验测
量数据吻合得非常好. 明显地, 要获得实用的电力输出, 首先需要考虑的是增加流
速和磁场强度. 目前 MHD 电力输出系统可以在室温下长时间工作, 能应用在未来
住宅的微型能量输出系统.

　　(2) 牛小东课题组在他的工作中通过实验研究了一套高雷诺数下低熔点镓合金
磁流体动力学能量输出系统 (Niu et al., 2014). 通过考虑实验通道中磁场非一致分
布, 理论评价能给出实验数据更精确的估计. 目前认证发电效率为 $(8.3 \times 10^{-4})\%$,
最大电力输出为 1.5mW.

　　(3) 最近中国科学院电工研究所彭燕承担的国家海洋能专项资金项目 "磁流体
波浪能发电技术及其海试样机的研究与试验" (经费 350 万元), 于 2016 年顺利通
过国家海洋局组织的验收, 项目成功研制出世界首台磁流体波浪能发电海试样机,

实现实海况发电测试, 输出功率 2.3kW, 转换效率比传统波浪能发电系统提高 50%. 其研究成果得到国际国内同行的高度认可. 国内同行认为: "首次把磁流体发电技术应用于波浪能利用领域" "磁流体发电技术具有较好的低海况适用性, 对我国波浪能资源状况比较适合".

参 考 文 献

Chen C H , Lee B H , Chen H C, et al. 2015. Interfacial reactions of low-melting Sn-Bi-Ga solder alloy on Cu substrate. Journal of Electronic Materials, 45(1): 1-6.

Hunter I W, Lafontaine S. 1992. A comparison of muscle with artificial actuators. Solid-State Sensor and Actuator Workshop, 22(25):178-185.

Khoo M, Liu C. 2001. Micro magnetic silicone elastomer membrane actuator. Journal of Sensors and Actuators A, 93: 259-266.

Li M, Luo F，Xu S Y, et al. 2016. A power generation system based on ferriferous oxide magnetic fluid. Int. J. Global Warming, 10(4):392-403.

Li Y，Li J, Li W, et al. 2014. A state-of-the-art review on magnetorheological elastomer devices. Smart Materials & Structures, 23(12):123001.

Monz S, Tschope A, Birringer R. 2008. Magnetic properties of isotropic and anisotropic $CoFe_2O_4$-based ferrogels and their application as torsional and rotational actuators. Physical Review E, 78(2): 1-7.

Morozov K, Shiliomis M, Yamaguchi H. 2009. Magnetic deformation of ferrogel bodies: procrustes effect. Physical Review E, 79: 040801.

Muller U, Buhler L. 2001. Magneto fluid dynamics in channels and containers. Germany: Springer.

Niu X D , Yamaguchi H, Ye X J, et al. 2014. Characteristics of a MHD power generator using a low-melting-point Gallium alloy. Electrical Engineering, 96(1):37-43.

Osada Y, Okuzaki H, Hori H. 2002. Polymer gels as soft and wet chemomechanical systems approach to artificial muscles. Journal of Materials Chemistry, 12(8): 2169-2177.

Ramanujan V R, Lao L L. 2006. The mechanical behavior of smart magnet-hydrogel composites. Smart Material and Structures, 15:952-956.

Rosensweig R E. 1985. Ferrohydrodynamics. Cambridge: Cambridge University Press.

Shuchi S, Shimada K, Kamiyama S. 2002. Hydrodynamic characteristics of steady magnetic fluid flow in a straight tube by taking into account the non uniform distribution of mass concentration. Journal of Magnetism and Magnetic Materials, 252: 166-168.

Womack G J. 1975. MHD power generation: engineering aspects. London: Chapman and Hall.

Yamaguchi H, Niu X D, Zhang X R. 2011. Investigation on a low-melting-point gallium alloy MHD power generator.International Journal of Energy Research, 35(3): 209-220.

Yamaguchi H, Zhang X R, Shidei H, et al. 2008. Study on power generation using electro conductive polymer and its mixture with magnetic fluid. Journal of Magnetism and Magnetic Materials. 320: 1406-1411.

第 10 章　铁磁流体在多孔介质中的流动

10.1　多孔介质的渗流定律

10.1.1　达西定律

达西定律 (Darcy's law) 是反映水在岩土孔隙中渗流规律的实验定律, 由法国工程师亨利·达西 (Henry Darcy) 于 1830 年开始负责法国第戎 (Dijon) 市引水工程的规划设计, 于 1856 年从实验得到的一个经验公式 (Philip, 1995; Freeze, 1994). 19 世纪的欧洲, 其饮用水的卫生与安全是个问题. 第戎市政局责成达西负责饮用水安全供给事项. 工程师出身的达西, 在经过思考后选用沙作为材料过滤水以取得干净饮用水. 达西使用如下设施 (图 10.1).

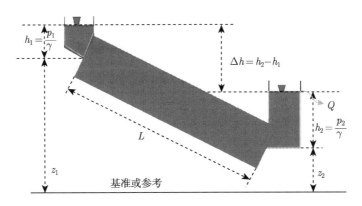

图 10.1　达西定律示意图 (由澳大利亚詹姆斯·库克大学苏宁虎教授提供)

图 10.1 中 γ 表示水密度, p 表示压力, Q 表示出流量, 其单位是 L^3/s, 即立方米/每秒等. 达西从实验中发现, 出流量与水力梯度和流量断面 A 成正比, 即

$$Q \sim A \frac{(h_2 - h_1)}{L}, \tag{10.1.1}$$

将公式 (10.1.1) 写成等式时, 需要加一比例系数 K

$$Q = -KA \frac{(h_2 - h_1)}{L}. \tag{10.1.2}$$

将公式 (10.1.2) 写成微分形式时, 其表达式为

$$Q = -KA\frac{\mathrm{d}h}{\mathrm{d}x}. \tag{10.1.3}$$

公式 (10.1.3) 中, x 是实际长度, 总长为 L; 公式 (10.1.2) 和公式 (10.1.3) 中, 负号表示水向水力梯度减少的方向流动.

从实验得出的达西经验公式, 逐渐成为理论研究多孔介质流体的主要模型之一, 研究范围逐渐从单相流拓展到两相流和多相流. 公式 (10.1.3) 也逐渐拓宽到二维和三维, 如

$$Q = -KA\,\mathrm{grad}h. \tag{10.1.4}$$

常见的达西速度 V, 可由上述公式得到

$$V = -K\frac{\mathrm{d}h}{\mathrm{d}x}, \tag{10.1.5}$$

或

$$V = -K\,\mathrm{grad}h.$$

国际著名环境和土壤水权威 Philip 博士在考察第戎后撰写的论文详细描述了达西定律、底姜和达西的生卒细节 (Philip, 1995). Philip 博士在文中提到, 达西在第戎的示范实验, 变成了欧洲供水处理的模式.

10.1.2　在多孔介质中磁流体渗流的渗透定律

如何研究多孔介质中流体的微观行为, 均匀化 (REV) 技术是最重要的途径之一, 其最主要的任务就是找一个均匀函数, 用这个函数来描述它在大尺度意义下的物理性质, 如宏观尺度、实验尺度. 这一过程能成功实现的理论依据是数学上的两尺度收敛和偏微分方程的解的存在与唯一性. 通过流体力学基本方程组和边界条件, 利用多尺度渐近展开方法所获得的均匀化模型有着广泛的应用前景. 一方面, 可用于研究流体在微观尺度下的物理机制; 另一方面, 可用于数值模拟.

当更多的粘性流体通过多孔介质的空隙时, 如果磁场切向应用于分离可磁化和非可磁化流体界面, 将出现指法不稳定. Zahn 和 Rosensweig(1980) 的工作是通过考虑垂直和平行于界面的平衡磁场分量, 将上述工作进行扩展的.

Borglin, Moridis 和 Oldenburg(2000) 研究了在存在磁场的多孔介质中, 可控制流体位置的潜在性. 他们的研究指出, 在实验室尺度的实验中, 多孔介质实验中 (最高为 0.25m), 既有纵向重力, 又有横向磁场引力作用, 磁场对铁磁流体产生强烈的磁应力作用. 这些可控制力导致了多孔介质中流体的可预见性结果, 这些结果依赖于磁场, 而不依赖于流动路径和多孔介质的异质性. 该文还指出, 磁流体浓度降低主要是因为孔隙水稀释, 而不是遗留或过滤磁流体.

Geindreau 和 Auriault(2001, 2002) 研究了在外磁场作用下, 在多孔介质中导电流体渗流的渗透定律. 他们使用多尺度渐近展开方法, 得到了严格的没有任何先决条件的宏观方程形式上的宏观行为. 宏观质量流量和宏观电流是耦合的, 都取决于宏观压力梯度和宏观电场. 有效系数满足昂萨格关系. 特别地, 渗透定律类似于普通流体的达西定律, 但有一个正比于电场的附加项. 最后, 他们证明了渗透张量是对称的和正定的.

10.1.3 多尺度渐近展开技术

我们假定区域 Ω 是周期的多孔介质, 而且尺度分离, 即 $l/L = \epsilon \ll 1$, 这样一个多孔介质区域如图 10.2 所示. 在这里, 让 X 表示介质的物理空间变量.

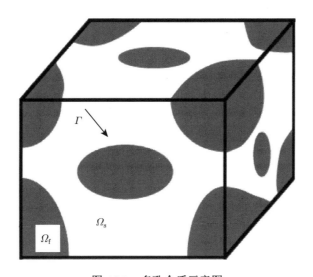

图 10.2 多孔介质示意图

根据两个特征长度 l 和 L, 两个无量纲空间变量定义如下:

$$x = \frac{X}{L},$$

$$y = \frac{X}{l}.$$

其中, x 是宏观无量纲变量, y 是微观无量纲变量. 作为尺度分离的结果, y 和 x 是两个分离变量. 任何用于描述物理过程的空间物理量 φ 可视作两个变量的函数:

$$\varphi = \varphi(x, y), \tag{10.1.6}$$

显然, 空间变量有下列关系:

$$x = \epsilon y, \tag{10.1.7}$$

宏观等价模型可由下面方法获得.

(1) 由于尺度分离条件得到满足, 所以不失一般性, 我们假设介质是周期的. 这意味着不同的 φ 关于空间变量 y 是周期的. 值得注意的是, φ 关于 X 的最终依赖性显示了最终的介质宏观不均匀性.

(2) 写出无量纲形式的局部描述, 运用 l 或者 L 作为特征长度, 对于出现在局部描述的不同物理量 φ 运用特征值 φ_{c}. 于是, 我们有 $\varphi = \varphi_{\mathrm{c}}\varphi^*$. 在这里星号表示一个无量纲量.

(3) 由控制方程推导无量纲数, 然后就尺度比例 ε 估计这些无量纲数 Q 的阶. 一个无量纲数 Q 我们说是 $O(\varepsilon^p)$ 是指:

$$\varepsilon^{p+1} \ll Q \ll \varepsilon^{p-1}. \tag{10.1.8}$$

为了简单起见, 在这里我们假定所有的无量纲数均可被 ε 的整数阶估计. 一旦所有的无量纲数被估计, 那么控制方程可以写成下面的方式:

$$\sum \varepsilon^q A^{*(q)} = 0, \tag{10.1.9}$$

在这里 q 是整数, $A^{*(q)}$ 通常是无量纲算子. 对于一个给定的扩大尺度问题, 尽管在介质的每一点上 ε 的值是确定的, 但是如果处于危险之中相应的宏观等价模型存在, 它的合法性就同上面无量纲数的估计有关. 这样, 参数 ε 可被看成是在一定范围内变化.

(4) 作为尺度分离和周期性的结果, 所有的物理量可在下面渐进展开的 ε 阶中寻找:

$$\varphi^*(y, x) = \varphi^0(y, x) + \varepsilon^1 \varphi^1(y, x) + \cdots, \tag{10.1.10}$$

在这里 φ^i 是 y 的周期函数, φ^0 是 $O(1)$ 的.

(5) 在局部无量纲描述中引入渐近展开, 相同的 ε 阶项则相等. 我们可以获得连续的局部边值问题, 然后解此问题.

(6) 相容性条件是连续局部边值问题的解的存在性的充要条件, 从相容性条件我们可以获得等价的宏观模型. 在给定 ε 阶上, 局部平衡方程将产生下列形式的方程:

$$\nabla_y \cdot \boldsymbol{\Phi}^{(i+1)} + \nabla_x \cdot \boldsymbol{\Phi}^{(i)} = \boldsymbol{F}^*, \tag{10.1.11}$$

在这里 $\boldsymbol{\Phi}^{(i+1)}$ 和 $\boldsymbol{\Phi}^{(i)}$ 是 y 的周期张量以及 $\boldsymbol{F}^*$ 是一个源项, 为了方便起见, 我们假定上述式子在整个 Ω^* 上在广义意义下是有效的. 其他情况也有可能, 后面方程将对其进行宏观描述. 它实际上是 y 尺度的周期变量的平衡, 在源项 $\boldsymbol{S}^* = \boldsymbol{F}^* - \nabla_x \cdot \boldsymbol{\Phi}^{(i)}$ 存在的情况下, 将它在整个区域上积分, 这被称作相容性条件, 这一相容性条件必须被检验, 否则原始方程没有解, 以及此问题没有均匀化模型, 它被称为

$$\langle \nabla_x \cdot \boldsymbol{\Phi}^{(i)} \rangle_{\Omega^*} - \langle \boldsymbol{F}^* \rangle_{\Omega^*} = 0, \tag{10.1.12}$$

在这里, $\langle\cdot\rangle_{\Omega^*}$ 代表就空间变量 y 而言在整个区域的体积平均, 定义如下:

$$\langle\cdot\rangle_{\Omega^*} = \frac{1}{\Omega^*}\int_{\Omega_y^*}\cdot\mathrm{d}V^*. \tag{10.1.13}$$

(7) 检验前面所提的过程的结果是否满足 (3) 中无量纲数的估计. 如果不成立, 那么我们所考虑的问题不存在均匀化模型.

10.1.4 宏观体积平衡下的达西定律

我们考虑一个刚硬的周期多孔介质. Ω_s 是固体部分, Ω_f 是充满粘性不可压牛顿流体的孔, Γ 是这两部分的边界, Ω_s 和 Ω_f 是相通的. 本部分的问题是无数学者所研究的问题, 尤其是 Bensoussan 和 Lions(1978). 下面的式子是宏观等价描述, 即达西定律:

$$\langle\boldsymbol{V}\rangle = -\boldsymbol{K}\mathrm{grad}p, \tag{10.1.14}$$

这一结论已经通过实验所建立. 在这里, $\langle\boldsymbol{V}\rangle$ 是流体的宏观流, $\boldsymbol{K}$ 是渗透张量. grad 是梯度算子, 以及 p 是压力. 体积平衡为

$$\mathrm{div}\langle\boldsymbol{V}\rangle = 0, \tag{10.1.15}$$

微观水平流体的流动描述如下:

$$\mu\Delta\boldsymbol{V} - \mathrm{grad}p = 0, \tag{10.1.16}$$

其中, Δ 是拉普拉斯算子. 不可压条件为

$$\mathrm{div}\boldsymbol{V} = 0, \tag{10.1.17}$$

边界条件

$$\boldsymbol{V} = 0, \tag{10.1.18}$$

在这里 $\boldsymbol{V}$ 是局部速度, p 是压强, 以及 μ 是粘性系数.

方程 (10.1.16) 引入了一个无量纲数

$$Q = \frac{|\mathrm{grad}p|}{\mu}$$

我们必须就 ε 分析 Q. 然后标准化 (10.1.16). 在这里我们寻求一个均匀化问题. 因此考虑一个达西定律的实验事实, 流体通过宏观压力梯度使其在多孔介质中流动. 那么在方程 (10.1.16) 中:

$$|\mathrm{grad}p| = O(p/L), \tag{10.1.19}$$

在这里 L 是被检测的样品的尺寸. 同时, 速度 v 在孔中是变化的

$$|\mu\Delta\boldsymbol{V}| = O(\mu v/l^2). \tag{10.1.20}$$

由式 (10.1.16) 可知, 这两项具有相同的阶

$$\frac{\mu v}{l^2} = O(p/L). \tag{10.1.21}$$

下面我们采用微观的观点. $\boldsymbol{V}$ 和 p 在下列形式中寻求:

$$\boldsymbol{V}(x,y) = \boldsymbol{V}^{(0)}(x,y) + \varepsilon\boldsymbol{V}^{(1)}(x,y) + \cdots, \tag{10.1.22}$$

$$p(x,y) = p^{(0)}(x,y) + \varepsilon p^{(1)}(x,y) + \cdots, \tag{10.1.23}$$

其中, $x = \varepsilon y$, 就 y 而言, $\boldsymbol{V}^{(i)}$ 和 $p^{(i)}$ 是周期的. 因此, 均匀化式 (10.1.16) 的特征长度是 l:

$$Q = \left|\frac{\mathrm{grad}p}{\mu}\Delta\boldsymbol{V}\right| = O(pl^2/L\mu v), \tag{10.1.24}$$

以及由式 (10.1.21) 有 $Q = O(\varepsilon^{-1})$. 那么, 我们正常均匀化式 (10.1.16) 有

$$\varepsilon\mu\Delta\boldsymbol{V} - \mathrm{grad}p = 0, \tag{10.1.25}$$

注意梯度算子变为 $\mathrm{grad}_y + \varepsilon\mathrm{grad}_x$, 在这里下标 x 和 y 分别表示就 x 和 y 求导. 因此, 根据 ε 的不同阶, 我们有

$$\mathrm{grad}_y p^{(0)} = 0, \tag{10.1.26}$$

$$\mu\Delta_y\boldsymbol{V}^{(0)} - \mathrm{grad}_x p^{(0)} - \mathrm{grad}_y p^{(1)} = 0, \tag{10.1.27}$$

$$\mathrm{div}_y\boldsymbol{V}^{(0)} = 0, \tag{10.1.28}$$

$$\mathrm{div}_x\boldsymbol{V}^{(0)} + \mathrm{div}_y\boldsymbol{V}^{(1)} = 0, \tag{10.1.29}$$

$$\boldsymbol{V}^{(0)} = 0, \quad 在\varGamma上, \tag{10.1.30}$$

$$\boldsymbol{V}^{(1)} = 0, \quad 在\varGamma上, \tag{10.1.31}$$

方程 (10.1.26) 表明: $p^{(0)} = p^{(0)}(X)$.

接下来, 式 (10.1.27), 式 (10.1.28) 和式 (10.1.30) 代表基本的单元问题. 它们表明 $\boldsymbol{V}^{(0)}$ 和 $p^{(1)}$ 是 $\mathrm{grad}_x p^{(0)}$ 的线性函数, 尤其是

$$V_i^{(0)} = -k_{ij}\frac{\mathrm{d}p^{(0)}}{\mathrm{d}x_j}, \tag{10.1.32}$$

现在考虑方程 (10.1.29), 它是 $\boldsymbol{V}^{(1)}$ 的局部平衡体积, 其中 $\mathrm{div}_x\boldsymbol{V}^{(0)}$ 作为源项. 进一步, $\boldsymbol{V}^{(1)}$ 是 $\varOmega$ 上的周期函数以及由式 (10.1.31) 知在 $\varGamma$ 上取值为 0. 因此, 源项

$\text{div}_x \boldsymbol{V}^{(0)}$ 必须检验了相容性条件: 它的平均为 0. 这一点可在 Ω_{f} 上对式 (10.1.29) 积分看出. 我们有

$$\langle \text{div}_x \boldsymbol{V}^{(0)} \rangle = \text{div}_x \langle \boldsymbol{V}^{(0)} \rangle = -|\Omega|^{-1} \int_{\Omega_{\text{f}}} \text{div}_y \boldsymbol{V}^{(1)} \mathrm{d}\Omega = 0. \tag{10.1.33}$$

最后我们有

$$\text{div}_x \langle \boldsymbol{V}^{(0)} \rangle = 0, \tag{10.1.34}$$

$$\langle \boldsymbol{V}^{(0)} \rangle = -K \text{grad}_x p^{(0)}, \tag{10.1.35}$$

$$K = \langle K \rangle, \tag{10.1.36}$$

这被称为宏观体积平衡意义下的达西定律.

10.2 铁磁流体在多孔介质中的微观描述

10.2.1 铁磁流体在多孔介质中流动的微观描述

在本书当中, 我们假设不可压铁磁流体所流动的区域具有以下特征. 我们考虑刚硬的周期的多孔介质岩石区域 Ω, 其中充满了不可压铁磁流体. 特征微观长度 l 与多孔介质的大小具有相同的阶, 同样与细胞的大小有相同的阶. 宏观长度尺寸也许被宏观压力驱动尺寸所表示, 或者样品的尺寸所表示. 为方便起见, 我们假定所有的宏观尺寸有类似的阶, 而且, 我们假定两个尺寸 l 和 L 很好地分离, $l \ll L$. 细胞单元用 Ω 表示, $\partial \Omega$ 是细胞单元的边界, Ω_{f} 是细胞单元的流体部分, Ω_{s} 是细胞单元的固体部分, 细胞单元中液固交界面用 Γ 表示.

Sharon E. Borglin, George J. Moridis 和 Curtis M. Oldenburg 做了大量关于铁磁流体在多孔介质中流动的实验, 他们的实验表明铁磁流体被稀释的主要因素是孔中的水, 而不是多孔介质的阻滞或过滤作用. 因此, 我们忽略过滤作用是合理的. 进一步, 在本书当中, 我们假设流体是稳态缓慢流动的. 所以, 在孔里面, 不可压牛顿磁流体的控制方程如下 (Rosensweig, 1997; Yamaguchi, 2008):

$$-\nabla p + \mu \Delta \boldsymbol{v} + \mu^* \boldsymbol{M} \cdot \nabla \boldsymbol{H} - \nabla \mu^* \frac{H^2}{2} = 0, \quad \text{在} \Omega_{\text{f}} \text{中}, \tag{10.2.1}$$

$$\nabla \cdot \boldsymbol{v} = 0, \quad \text{在} \Omega_{\text{f}} \text{中}, \tag{10.2.2}$$

其中, $\boldsymbol{v}$ 代表流体的速度, p 是压力, μ 是铁磁流体的粘性系数, μ^* 是铁磁流体的渗透系数. 不存在自由电荷的麦克斯韦方程组如下:

$$\nabla \times \boldsymbol{H} = 0, \quad \text{在} \Omega \text{中}, \tag{10.2.3}$$

$$\nabla \cdot \boldsymbol{B} = 0, \quad 在 \Omega 中, \tag{10.2.4}$$

$$\boldsymbol{B} = \mu^*(\boldsymbol{H} + \boldsymbol{M}), \quad 在 \Omega_{\mathrm{f}} 中, \tag{10.2.5}$$

$$\boldsymbol{B} = \mu^* \boldsymbol{H}, \quad 在 \Omega_{\mathrm{s}} 中, \tag{10.2.6}$$

在这里, $\boldsymbol{M}$ 指磁化强度, $\boldsymbol{B}$ 和 $\boldsymbol{H}$ 分别是磁感应强度和外磁场强度. 通常, 在真空条件下松弛率是如此之快, 以至于 $\boldsymbol{M}$ 和 $\boldsymbol{H}$ 是共线的, 即 $\boldsymbol{M} /\!/ \boldsymbol{H}$. 因此, 我们有下面的关系:

$$\boldsymbol{M} = \lambda \boldsymbol{H}, \tag{10.2.7}$$

λ 的值通常取决于磁流体物质的本身, 可以通过文献查询. 为了方便, 我们进一步假定磁渗透率 μ^* 是各向同性的. 最后, 通过给出相应的固液交界面的边界条件, 方程组 (10.2.1)~(10.2.6) 变得完备,

$$\boldsymbol{v} = 0, \quad 在 \Gamma 中, \tag{10.2.8}$$

以及磁感应强度的法向分量在 Γ 上的连续性, 磁场强度的切向分量在 Γ 上的连续性,

$$(\boldsymbol{B}_{\mathrm{f}} - \boldsymbol{B}_{\mathrm{s}}) \cdot \boldsymbol{N} = 0, \quad 在 \Gamma 中, \tag{10.2.9}$$

$$(\boldsymbol{H}_{\mathrm{f}} - \boldsymbol{H}_{\mathrm{s}}) \times \boldsymbol{N} = 0, \quad 在 \Gamma 中, \tag{10.2.10}$$

其中, $\boldsymbol{N}$ 是 Γ 的单位外法向量.

10.2.2　尺度阶的分析

　　一个基本的假定是尺度必须分离. 对于两尺度多孔介质, 这一假定可以用数学式子表示为 $\varepsilon \ll 1$. 本部分主要着力于定义用于刻画局部描述式 (10.2.1)~式 (10.2.10) 的无量纲量, 然后就尺寸比例 ε 的阶进行估计. 由方程 (10.2.1) 我们可以定义:

$$Q_l = \frac{|\nabla p|}{|\mu \nabla^2 \boldsymbol{v}|}, \tag{10.2.11}$$

$$\mathcal{R} = \frac{|\mu^* \boldsymbol{H} \cdot \nabla \boldsymbol{H}|}{|\mu \nabla^2 \boldsymbol{v}|}. \tag{10.2.12}$$

现在, 从方程 (10.2.7) 以及方程 (10.2.9) 得到

$$\mathcal{K} = \frac{|\boldsymbol{H}|}{|\boldsymbol{M}|}, \tag{10.2.13}$$

$$\mathcal{S} = \frac{\mu_{\mathrm{f}}^*}{\mu_{\mathrm{s}}^*}. \tag{10.2.14}$$

接下来估计这些无量纲数. 首先, 我们引入与物理现象相关的特征值.

$$Q_l = \frac{p_c l}{\mu_c v_c},$$

$$\mathcal{R} = \frac{\mu_c^* H_c^2 l}{\mu_c v_c},$$

$$\mathcal{K} = \frac{H_c}{M_c},$$

$$\mathcal{S} = \frac{\mu_{fc}^*}{\mu_{sc}^*}.$$

由简单的物理知识知道, 如果 $Q_l = O(\varepsilon^{-1})$, 那么该问题是可以均匀化的 (Geindreau and Auriault, 2001). 其他的无量纲数取决于所考虑的问题 (Borglin et al., 2000). 我们用文献 (Rosensweig, 1997) 中的实验数据,

$$\mu_{fc}^* \approx \mu_{sc}^*, \quad \mu_c^* \approx 10^{-6} \mathrm{H/m},$$

$$\mu_c \approx 10^{-3} \mathrm{Pa \cdot s}, \quad H_c \approx 10^4 \mathrm{A/m},$$

$$l \approx 100 \mu\mathrm{m}, \quad L \approx 10 \mathrm{cm}, \quad v_c \approx 10^{-3} \mathrm{m/s}.$$

这样, 可以得到 $\varepsilon \approx 10^{-3}$, $\mathcal{R} = O(\varepsilon^{-1})$, $\mathcal{K} = O(1)$, $\mathcal{S} = O(1)$.

10.2.3 无量纲化的局部流的描述

为了简单起见, 对于有量纲量和无量纲量我们采用相同的符号. 在这里所有的物理量 $(p, \boldsymbol{v}, \boldsymbol{B}, \boldsymbol{H}, \mu, \mu^*)$ 都是无量纲的 $(O(1))$, 描述磁流体在多孔介质中流动微观无量纲方程如下:

$$-\varepsilon^{-1}\nabla p + \mu\nabla^2 \boldsymbol{v} + \varepsilon^{-1}\mu^* \boldsymbol{M} \cdot \nabla \boldsymbol{H} - \varepsilon^{-1}\nabla\mu^* \frac{H^2}{2} = 0, \quad \text{在}\,\Omega_f\text{上}, \qquad (10.2.15)$$

$$\nabla \cdot \boldsymbol{v} = 0, \quad \text{在}\,\Omega_f\text{上}. \qquad (10.2.16)$$

磁流体在电磁场中运动满足麦克斯韦方程组

$$\nabla \times \boldsymbol{H} = J + \frac{\partial \boldsymbol{D}}{\partial t}, \qquad (10.2.17)$$

$$\nabla \cdot \boldsymbol{B} = 0, \qquad (10.2.18)$$

$$\nabla \times \boldsymbol{E} = -\frac{\partial \boldsymbol{B}}{\partial t}, \qquad (10.2.19)$$

$$\nabla \cdot \boldsymbol{E} = \rho_v, \qquad (10.2.20)$$

并满足磁边界条件 (3.6.4) 和 (3.6.7) 和固壁边界条件

$$\boldsymbol{v} = 0, \quad \text{在}\,\Gamma\,\text{上}, \tag{10.2.21}$$

$$(\boldsymbol{B}_\mathrm{f} - \boldsymbol{B}_\mathrm{s}) \cdot \boldsymbol{N} = 0, \quad \text{在}\,\Gamma\,\text{上}, \tag{10.2.22}$$

$$(\boldsymbol{H}_\mathrm{f} - \boldsymbol{H}_\mathrm{s}) \times \boldsymbol{N} = 0, \quad \text{在}\,\Gamma\,\text{上}, \tag{10.2.23}$$

其中, $\boldsymbol{N}$ 是 Γ 的单位法向量. 在上面的方程中, 速度 $\boldsymbol{v}$ 在 Γ_s 中为零. 注意, 为了记号一致, 无量纲粘性 $\mu = 1$ 被保持在方程 (10.2.15) 中. 在微不足道的位移电流磁准静态系统中, 以及在不存在自由电流的情况下麦克斯韦方程组为

$$\nabla \times \boldsymbol{H} = 0, \quad \text{在}\,\Omega\,\text{上},$$

$$\nabla \cdot \boldsymbol{B} = 0, \quad \text{在}\,\Omega\,\text{上},$$

$$\boldsymbol{B} = \mu^*(\boldsymbol{H} + \boldsymbol{M}), \quad \text{在}\,\Omega_\mathrm{f}\,\text{上},$$

$$\boldsymbol{B} = \mu^*\boldsymbol{H}, \quad \text{在}\,\Omega_\mathrm{s}\,\text{上},$$

在这里由于没有自由电流, 磁场 $\boldsymbol{H}$ 是势函数 ψ 的梯度

$$\boldsymbol{H} = -\nabla\psi.$$

我们可以选一个处处连续的函数作为 ψ, 在尺度 L 下, 寻找一个宏观描述. 因此, 有下面的估计:

$$\boldsymbol{H}_\mathrm{c} = O\left(\frac{\psi_\mathrm{c}}{L}\right) = O\left(\frac{\varepsilon\psi_\mathrm{c}}{l}\right).$$

当运用 l 标准化时, 我们得到无量纲形式

$$\boldsymbol{H} = -\varepsilon^{-1}\nabla\psi. \tag{10.2.24}$$

10.3   均匀化方法在磁流体渗流中的应用

10.3.1   均匀化方法

均匀化方法的本质是按比例增大局部描述的尺度来决定一个等价的宏观行为. 现在, 让我们引进多尺度坐标. 我们让 X 表示介质的物理空间变量, 根据两个特征长度 l 和 L, 两个无量纲空间变量可定义如下:

$$x = \frac{X}{L}$$

为无量纲 "宏观" 空间变量,

$$y = \frac{X}{l}$$

为无量纲 "微观" 空间变量. 显然, 这些空间变量有关系: $x = \varepsilon y$. 当运用 l 作为特征长度时, 无量纲微分符合下面关系:

$$\nabla = \nabla_y + \varepsilon \nabla_x,$$

其中, 下标 x 和 y 分别表示对变量 x 和 y 求微分. 通过下面的多尺度渐进展开技术, 压力 p, 速度 v, 磁感应强度 H 和磁势函数 ψ 可以在下列渐进展开式子中得出:

$$\varphi = \varphi^{(0)}(x,y) + \varepsilon \varphi^{(1)}(x,y) + \varepsilon^2 \varphi^{(2)}(x,y) + \cdots$$

其中, $\varphi = p, v, B, M, H, \psi$, 以及相应的 $\varphi^{(i)}$ 是周期函数或者就区域 Ω 而言是空间变量 y 的周期向量. 我们将这些式子代入方程组 (10.2.15)~(10.2.24), 以及鉴定渐进展开式中 ε 的阶. 然后我们将得到被研究的连续边值问题.

10.3.2 宏观磁场和磁感应强度

我们首先强调铁磁流体在多孔介质中流动的宏观描述不依赖于质量流. 现在, 我们已经准备好执行均匀化过程. 在关系式 (10.2.24) 中, 对 H 和 ψ 引入渐进展开方法, 在最低阶, 我们得到

$$\nabla_y \psi^{(0)} = 0, \quad \psi^{(0)} = \psi^{(0)}(x).$$

由式 (10.2.24), 在下一阶有

$$H^{(0)} = -\nabla_y \psi^{(1)} - \nabla_x \psi^{(0)}, \tag{10.3.1}$$

其中, $\nabla_x \psi^{(0)}$ 可看作是给定的. 从式 (10.2.7), 式 (10.2.19) 和式 (10.2.20), 我们有如下形式:

$$B = \mu^*(\lambda + 1)H, \quad 在 \Omega_f 中, \tag{10.3.2}$$

$$B = \mu^* H, \quad 在 \Omega_s 中, \tag{10.3.3}$$

其中, λ 是一个常数, 它的取值依赖于磁流体的本身. 通过式 (10.2.18), 式 (10.3.2) 和式 (10.3.3), 我们容易导出下面的结果:

$$\nabla \cdot \mu^* H = 0, \quad 在 \Omega 中. \tag{10.3.4}$$

那么 $\psi^{(1)}$ 由下面边值问题给出, 而这个边值问题可以从式 (10.2.22), 式 (10.3.1) 和式 (10.3.4) 中获得:

$$\nabla_y \cdot [\mu^*(\nabla_y \psi^{(1)} + \nabla_x \psi^{(0)})] = 0, \quad 在 \Omega 中, \tag{10.3.5}$$

$$(\mu_{\mathrm{f}}^*(\lambda+1) - \mu_{\mathrm{s}}^*)(\nabla_y \psi^{(1)} + \nabla_x \psi^{(0)}) \cdot \boldsymbol{N} = 0, \quad 在\,\Gamma\,中, \tag{10.3.6}$$

其中, $\psi^{(1)}(x,y)$ 是 Ω 周期以及在 Γ 上连续. 势函数 $\psi^{(1)}$ 是 $\nabla_x \psi^{(0)}$ 的线性函数, 在此基础上加上 x 的任意函数

$$\psi^{(1)}(x,y) = -\boldsymbol{m}(y) \cdot \nabla_x \psi^{(0)} + \overline{\psi}^{(1)}, \tag{10.3.7}$$

在这里 $m_i(y)$ 的散度为零, 它是下面边值问题 (10.3.8)~(10.3.9) 的解, 其中 $\partial \psi^{(0)}/\partial x_i = -\delta_{ji}$, 在这里 δ_{ji} 是 Kronecker 符号. 我们称

$$\langle \boldsymbol{H}^{(0)} \rangle = \langle -\nabla_y \psi^{(1)} - \nabla_x \psi^{(0)} \rangle = -\nabla_x \psi^{(0)}, \tag{10.3.8}$$

$$\nabla_x \times \langle \boldsymbol{H}^{(0)} \rangle = 0, \tag{10.3.9}$$

在这里, $\langle \cdot \rangle$ 代表在整个区域上就空间变量 y 而言的体积平均, 定义如下:

$$\langle \cdot \rangle = \frac{1}{|\,\Omega^*\,|} \int_{\Omega_y^*} \cdot \mathrm{d}V^*.$$

那么式 (10.2.18) 和式 (10.2.22) 在 ε 阶得到

$$\nabla_y \cdot \boldsymbol{B}^{(1)} + \nabla_x \cdot \boldsymbol{B}^{(0)} = 0, \quad 在\,\Omega\,中, \tag{10.3.10}$$

$$(\boldsymbol{B}_{\mathrm{f}}^{(1)} - \boldsymbol{B}_{\mathrm{s}}^{(1)}) \cdot \boldsymbol{N} = 0, \quad 在\,\Gamma\,中. \tag{10.3.11}$$

在 Ω 上对式 (10.3.10) 进行积分, 运用散度定理, 关系式 (10.3.11) 和周期性, 我们可以得到铁磁流体的宏观模型

$$\nabla_x \cdot \langle \boldsymbol{B}^{(0)} \rangle = 0, \tag{10.3.12}$$

$$\langle \boldsymbol{B}^{(0)} \rangle = \boldsymbol{\mu}^{*\mathrm{eff}} \langle \boldsymbol{H}^{(0)} \rangle = -\boldsymbol{\mu}^{*\mathrm{eff}} \nabla_x \psi^{(0)}, \quad 在\,\Omega_{\mathrm{s}}\,中, \tag{10.3.13}$$

$$\langle \boldsymbol{B}^{(0)} \rangle = \boldsymbol{\mu}^{*\mathrm{eff}}(\lambda+1) \langle \boldsymbol{H}^{(0)} \rangle = -\boldsymbol{\mu}^{*\mathrm{eff}}(\lambda+1) \nabla_x \psi^{(0)}, \quad 在\,\Omega_{\mathrm{f}}\,中, \tag{10.3.14}$$

其中, $\boldsymbol{\mu}^{*\mathrm{eff}}$ 是有效磁渗透张量, 形式如下:

$$\mu_{ij}^{*\mathrm{eff}} = \left\langle \mu^* \left(I_{ij} - \frac{\partial m_j}{\partial y_i} \right) \right\rangle,$$

其中, $\boldsymbol{I}$ 是单位张量. 我们有

$$B_i^{(0)}(x,y) = -\mu^* \left(I_{ij} - \frac{\partial m_j}{\partial y_i} \right) \frac{\partial \psi^{(0)}}{\partial x_j}, \quad 在\,\Omega_{\mathrm{s}}\,中, \tag{10.3.15}$$

$$B_i^{(0)}(x,y) = -\mu^*(\lambda+1) \left(I_{ij} - \frac{\partial m_j}{\partial y_i} \right) \frac{\partial \psi^{(0)}}{\partial x_j}, \quad 在\,\Omega_{\mathrm{f}}\,中. \tag{10.3.16}$$

10.3.3 宏观质量流

前面部分已经说明真空条件下 $\boldsymbol{M} /\!/ \boldsymbol{H}$, 从而有 $\boldsymbol{M} = \lambda \boldsymbol{H}$. 运用向量的相关性质 $\boldsymbol{H} \cdot \nabla \boldsymbol{H} = \nabla \dfrac{\boldsymbol{H} \cdot \boldsymbol{H}}{2} - \boldsymbol{H} \times (\nabla \times \boldsymbol{H})$ 以及式 (10.2.17), 我们容易推导出 (Li and Chen, 2011)

$$\boldsymbol{M} \cdot \nabla \boldsymbol{H} = M \nabla H = \lambda \nabla \frac{H^2}{2}.$$

那么方程 (10.2.15) 可以重新写作下面的形式:

$$-\varepsilon^{-1} \nabla p + \mu \nabla^2 \boldsymbol{v} + \varepsilon^{-1} (\lambda - 1) \nabla \mu^* \frac{H^2}{2} = 0, \quad \text{在} \Omega_{\mathrm{f}} \text{中}. \tag{10.3.17}$$

由方程 (10.3.17) 在 ε^{-1} 阶上, 我们有下面的形式:

$$\nabla_y \left[(\lambda - 1) \frac{\mu^* \boldsymbol{H}^{(0)} \cdot \boldsymbol{H}^{(0)}}{2} - p^{(0)} \right] = 0,$$

$$(\lambda - 1) \frac{\mu^* \boldsymbol{H}^{(0)} \cdot \boldsymbol{H}^{(0)}}{2} - p^{(0)} = w^{(0)}(x).$$

其中, μ^* 表示真空磁导率. 如果我们移走磁铁, $\mu^* \to 0$, 那么这里就不存在磁力作用于多孔介质中铁磁流体的磁颗粒. 也就是说, 该问题变为普通流体在多孔介质中渗流的问题, 即问题变为下面的形式:

$$-\varepsilon^{-1} \nabla p + \mu \nabla^2 \boldsymbol{v} = 0, \quad \text{在} \Omega_{\mathrm{f}} \text{中}.$$

磁力连续递减, $\mu^* \to 0$, 这表明 $p^{(0)}(x, y) = p^{(0)}(x)$ 不依赖于变量 y. 因此,

$$\frac{1}{2} (\lambda - 1) \mu^* \boldsymbol{H}^{(0)} \cdot \boldsymbol{H}^{(0)} = w^{(0)}(x) - p^{(0)}(x)$$

也不依赖于变量 y. 在 ε^0 阶上, 我们有

$$\mu \nabla_y^2 \boldsymbol{v}^{(0)} - \nabla_x \left[p^{(0)} - \frac{1}{2} (\lambda - 1) \mu^* \boldsymbol{H}^{(0)} \cdot \boldsymbol{H}^{(0)} \right] - \nabla_y [p^{(1)}$$

$$-(\lambda - 1) \mu^* \boldsymbol{H}^{(1)} \cdot \boldsymbol{H}^{(0)}] = 0, \quad \text{在} \Omega_{\mathrm{f}} \text{中}, \tag{10.3.18}$$

$$\nabla_y \cdot \boldsymbol{v}^{(0)} = 0, \quad \text{在} \Omega_{\mathrm{f}} \text{中}, \tag{10.3.19}$$

$$\boldsymbol{v}^{(0)} = 0, \quad \text{在} \Gamma \text{上}. \tag{10.3.20}$$

为了方便研究初边值问题, 我们首先引入一个希尔伯特空间 $\mathcal{W}$, 而且空间 $\mathcal{W}$ 中的向量函数 $\boldsymbol{u}$ 是区域 Ω 上的散度为零的周期函数, $\boldsymbol{u}$ 的定义域是 Ω_{f}, 在 Γ 上的值为零, 并赋予下面的内积, 对于任意的 $\boldsymbol{u}, \boldsymbol{v} \in \mathcal{W}$,

$$(\boldsymbol{u}, \boldsymbol{v})_{\mathcal{W}} = \int_{\Omega_{\mathrm{f}}} \mu \frac{\partial u_i}{\partial y_j} \frac{\partial v_i}{\partial y_j} \mathrm{d}\Omega.$$

现在, 让我们在方程 (10.3.18) 上乘以 $\boldsymbol{u} \in \mathcal{W}$ 并在 Ω_f 上积分. 运用分部积分法、周期性、散度定理以及 $\varGamma$ 上的边界条件, 我们容易获得等价的变分形式:

$$(\boldsymbol{v}^{(0)}, \boldsymbol{u})_{\mathcal{W}} = -\int_{\Omega_\mathrm{f}} \boldsymbol{u} \cdot \nabla_x \left[-(\lambda - 1)\frac{\mu^* \boldsymbol{H}^{(0)} \cdot \boldsymbol{H}^{(0)}}{2} + p^{(0)}(x) \right] \mathrm{d}\Omega, \quad (10.3.21)$$

$\forall \boldsymbol{u} \in \mathcal{W}$. 在式 (10.3.21) 中, $\boldsymbol{v}^{(0)}$ 在 Ω_s 上为零. 式子 (10.3.21) 以及 Lax-Milgram 引理确保解 $\mathcal{W}$ 的存在唯一性 (Bensoussan et al., 1978; Sanchez-Palencia, 1980). 由于式 (10.3.21) 是

$$\nabla_x p^{(0)} \text{ 和 } \nabla_x (\lambda - 1)\frac{\mu^* \boldsymbol{H}^{(0)} \cdot \boldsymbol{H}^{(0)}}{2}$$

的线性组合, $\boldsymbol{v}^{(0)}$ 是这些数量的线性向量, 它可以写成下面的形式:

$$\boldsymbol{v}^{(0)} = -\kappa \nabla_x P^{(0)} + \kappa \nabla_x (\lambda - 1)\frac{\mu^* \boldsymbol{H}^{(0)} \cdot \boldsymbol{H}^{(0)}}{2}.$$

由于 $\boldsymbol{M} = \lambda \boldsymbol{H}$, 在 ε^0 阶上, 有

$$\boldsymbol{M}^{(0)} = \lambda \boldsymbol{H}^{(0)}.$$

那么有下面的形式:

$$\boldsymbol{v}^{(0)} = -\kappa \nabla_x P^{(0)} + \kappa \mu^* \boldsymbol{M}^{(0)} \cdot \nabla_x \boldsymbol{H}^{(0)} - \kappa \nabla_x \frac{\mu^* \boldsymbol{H}^{(0)} \cdot \boldsymbol{H}^{(0)}}{2}. \quad (10.3.22)$$

在这里 $\boldsymbol{H}_{ij}$ 均是边值问题 (10.3.18)~(10.3.20) 中当

$$\frac{\partial p^{(0)}}{\partial x_i} - \partial \frac{((\lambda - 1)\mu^* \boldsymbol{H}^{(0)} \cdot \boldsymbol{H}^{(0)}/2)}{\partial x_i} = -\delta_{ij}$$

时的解. 最后, 在阶 ε 上, 宏观描述可以从式 (10.2.16) 和连续条件式 (10.2.21) 中获得

$$\nabla_y \cdot \boldsymbol{v}^{(1)} + \nabla_x \cdot \boldsymbol{v}^{(0)} = 0, \quad \text{在} \Omega_\mathrm{f} \text{中}, \quad (10.3.23)$$

$$\boldsymbol{v}^{(1)} = 0, \quad \text{在} \varGamma \text{上}. \quad (10.3.24)$$

对式 (10.3.23) 在定义区域上进行积分, 利用散度算子性质、周期性和连续性条件 (10.3.24) 可以得出

$$\nabla_x \cdot \langle \boldsymbol{v}^{(0)} \rangle = 0, \quad (10.3.25)$$

$$\langle \boldsymbol{v}^{(0)} \rangle = -\boldsymbol{K}^{\text{eff}} \nabla_x P^{(0)}$$

$$+ \boldsymbol{K}^{\text{eff}} \mu^* \boldsymbol{M}^{(0)} \cdot \nabla_x \boldsymbol{H}^{(0)} - \boldsymbol{K}^{\text{eff}} \nabla_x \frac{\mu^* \boldsymbol{H}^{(0)} \cdot \boldsymbol{H}^{(0)}}{2}, \qquad (10.3.26)$$

$$\boldsymbol{K}^{\text{eff}}_{ij} = \langle \kappa_{ij} \rangle, \qquad (10.3.27)$$

这被称作宏观体积平衡 (在此条件下: 体积平均 $\langle \boldsymbol{v}^{(0)} \rangle$ 是流), $\boldsymbol{K}^{\text{eff}}$ 是渗透张量. 宏观模型 (10.3.25) 和 (10.3.26) 是一个逼近, 因为它与宏观物理量的尺寸的一阶有关. 它对于这样的无量纲数是有效的 $\mathcal{R} = O(\varepsilon^{-1}) = Q_l$.

正如在 Zahn 和 Rosensweig(1980) 所著文献中指出, 宏观质量流依赖于磁体积力以及宏观压力与磁压的梯度. 渗透率和纯流体的达西定律非常相似. 最后, 我们证明 $\boldsymbol{K}^{\text{eff}}$ 是对称和正定的 (Geindreau and Auriault, 2001).

10.4 渗透张量的正定对称性

我们首先引入一个关系式子:

$$\frac{1}{\Omega}(\boldsymbol{v}^{(0)}, \boldsymbol{u})_{\mathcal{W}} = -\frac{1}{\Omega} \int_{\Omega_{\text{f}}} \boldsymbol{u} \cdot \nabla_x \left[p^{(0)}(\boldsymbol{x}) - (\lambda - 1) \frac{\mu^* \boldsymbol{H}^{(0)} \cdot \boldsymbol{H}^{(0)}}{2} \right] \mathrm{d}\Omega. \quad (10.4.1)$$

10.4.1 渗透张量的正定性

我们首先说明渗透张量 $\boldsymbol{K}^{\text{eff}}$ 的正定性. 在公式 (10.4.1) 中假设 $\boldsymbol{u} = \boldsymbol{v}^{(0)} \neq 0$, 我们有

$$\frac{1}{\Omega}(\boldsymbol{v}^{(0)}, \boldsymbol{v}^{(0)})_{\mathcal{W}} = -\frac{1}{\Omega} \int_{\Omega_{\text{f}}} \nabla_x \left[p^{(0)}(\boldsymbol{x}) - (\lambda - 1) \frac{\mu^* \boldsymbol{H}^{(0)} \cdot \boldsymbol{H}^{(0)}}{2} \right] \cdot \boldsymbol{u} \mathrm{d}\Omega$$

$$= \boldsymbol{K}^{\text{eff}} \nabla_x \left[p^{(0)}(\boldsymbol{x}) - (\lambda - 1) \frac{\mu^* \boldsymbol{H}^{(0)} \cdot \boldsymbol{H}^{(0)}}{2} \right]$$

$$\times \nabla_x \left[p^{(0)}(\boldsymbol{x}) - (\lambda - 1) \frac{\mu^* \boldsymbol{H}^{(0)} \cdot \boldsymbol{H}^{(0)}}{2} \right]. \qquad (10.4.2)$$

上述等式表明:

$$\boldsymbol{K}^{\text{eff}} \nabla_x \left[p^{(0)}(\boldsymbol{x}) - (\lambda - 1) \frac{\mu^* \boldsymbol{H}^{(0)} \cdot \boldsymbol{H}^{(0)}}{2} \right] \cdot \nabla_x \left[p^{(0)}(\boldsymbol{x}) - (\lambda - 1) \frac{\mu^* \boldsymbol{H}^{(0)} \cdot \boldsymbol{H}^{(0)}}{2} \right]$$

$$= \frac{1}{\Omega}(\boldsymbol{v}^{(0)}, \boldsymbol{v}^{(0)})_{\mathcal{W}} > 0. \qquad (10.4.3)$$

这就证明了渗透张量 $\boldsymbol{K}^{\text{eff}}$ 是正定的.

10.4.2　渗透张量的对称性

现在我们研究渗透张量 $\boldsymbol{K}^{\mathrm{eff}}$ 的对称性. 让数量 $v_i^{(0)} = k_{ip}$ 是式 (10.3.18) 和式 (10.3.19) 当

$$\frac{\partial \left[p^{(0)}(\boldsymbol{x}) - \frac{1}{2}(\lambda - 1)\mu^* \boldsymbol{H}^{(0)} \cdot \boldsymbol{H}^{(0)} \right]}{\partial x_i} = -\delta_{ip}$$

时的解. 当 $u_i = k_{iq}$ 时, 我们考虑式子 (10.4.1). 然后让变量 $v_i^{(0)} = k_{iq}$ 是式 (10.3.18) 和式 (10.3.19) 当

$$\frac{\partial \left[p^{(0)}(\boldsymbol{x}) - \frac{1}{2}(\lambda - 1)\mu^* \boldsymbol{H}^{(0)} \cdot \boldsymbol{H}^{(0)} \right]}{\partial x_i} = -\delta_{iq} \tag{10.4.4}$$

的解. 当 $u_i = k_{ip}$ 时, 考虑公式 (10.4.1), 这样我们得到

$$(k_{ip}, k_{iq})_{\mathcal{W}} = \int_{\Omega_{\mathrm{f}}} k_{pq} \mathrm{d}\Omega = \Omega k_{pq}^{\mathrm{eff}}, \tag{10.4.5}$$

$$(k_{ip}, k_{iq})_{\mathcal{W}} = \int_{\Omega_{\mathrm{f}}} k_{qp} \mathrm{d}\Omega = \Omega k_{qp}^{\mathrm{eff}}. \tag{10.4.6}$$

因为无量纲数 $\mathcal{R} = O(\varepsilon^{-1})$, 上式表明 $\boldsymbol{K}^{\mathrm{eff}}$ 是对称的.

参 考 文 献

严侠, 黄朝琴, 辛艳萍, 等. 2015. 高速通道压裂裂缝的高导流能力分析及其影响因素研究. 物理学报, 64(13):251-261

Ata A S V, Javaherdeh K, Ashorynejad H R. 2014. Magnetic field effects on force convection flow of a nanofluid in a channel partially filled with porous media using lattice Boltzmann method. Advanced Powder Technology, 25(2):666-675.

Auriault J L. 1991. Heterogeneous medium is an equivalent description possible. International Journal of Engineering Science., 29:785-795.

Bensoussan A , Lions J L, Papanicolaou G. 1978. Asymptotic Analysis for Periodic Structures. Amsterdam-New York: North Holland.

Borglin S E, Moridis G J, Oldenburg C M. 2000. Experimental studies of the flow of ferrofluid in porous media. Transport in Porous Media, 41:61-80.

Chen C Y, Wu H J. 2005. Numerical simulations of interfacial instabilities on a rotating miscible magnetic droplet with effects of Korteweg stresses. Physics of Fluids, 17(4): 1089-1109.

Chen C Y, Wu S Y, Miranda J A. 2007. Fingering patterns in the lifting flow of a confined miscible ferrofluid. Phys. Rev. E, 75: 036310.

Freeze R A. 1994. Henry Darcy and the fountains of Dijon. Ground Water, 32(1):23-30.

Geindreau C, Auriault J L. 2001. Magnetohydrodynamic flow through porous media. C. R. Acad. Sci. Paris, 329(11): 445-450.

Geindreau C, Auriault J L. 2002. Magnetohydrodynamic flows in porous media. Journal of Fluid Mechanics, 466: 343-363.

Hornung U. 1996. Homogenization and Porous Media. New York: Springer-Verlag.

Leng W, Vikesland P J. 2003. Nanoclustered gold honeycombs for surface-enhanced Raman scattering. Analytical Chemistry, 85(3):1342-1349.

Li M , Chen L. 2011. Magnetic fluid flows in porous media. Chinese Physics Letters, 28(8): 085203.

Philip J R. 1995. Desperately seeking Darcy in Dijon. Soil Science Society of America Journal, 59(2): 319-324.

Qin Y, Chadam J. 1995. A nonlinear stability problem for ferromagnetic fluids in a porous medium. Applied Mathematics Letters, 8(2):25-29.

Rosensweig R E. 1997. Ferrohydrodynamics. Cambridge:Cambridge University Press.

Sadrhosseini H, Sehat A, Shafii M B. 2016. Effect of magnetic field on internal forced convection of ferrofluid flow in porous media. Experimental Heat Transfer, 29(1):1-16.

Sanchez-Palencia E. 1980. Non-homogenization Media and Vibration Theory. Lecture Notes in Physics, vol.127. Transport in Porous Media, 2000, 41: 61-80. New York: Springer-Verlag.

Song H Q, Yu M X, Zhu W Y, et al. 2013. Dynamic characteristics of gas transport in nanoporous media. Chinese Physics Letters, 30(1):014701.

Yamaguchi H. 2008. Engineering Fluid Mechanics. Netherlands: Springer.

Yarahmadi M, Goudarzi H M, Shafii M B. 2015. Experimental investigation into laminar forced convective heat transfer of ferrofluids under constant and oscillating magnetic field with different magnetic field arrangements and oscillation modes. Experimental Thermal & Fluid Science, 68:601-611.

Zahn M, Rosensweig R E. 1980. Stability of magnetic fluid penetration through a porous media with uniform magnetic field oblique to the interface. IEEE Transactions on Magnetics, 16(2):275-282.

附表 1 重要变量

B	磁感应强度	magnetic induction
F	磁力	magnetic force (volume density)
M	磁化强度	magnetization
H	磁场	magnetic field
μ_0	真空磁导率	permeability of vacuum
H_e	有效磁场	effective magnetic field
v	铁磁流体速度	ferrofluid velocity
Ω	流体涡旋	flow vorticity
S	内部角动量	internal angular momentum (volume density)
ω_p	铁磁颗粒角速度	angular velocity of particles
I	铁磁颗粒的惯性矩	inertia moment of particles in a unit volume
p	压力	pressure
p^*	铁磁流体压力	ferrofluid pressure
T	温度	temperature
k_B	玻尔兹曼常量	Boltzmann's constant
ρ	质量密度	mass density
ϕ	铁磁颗粒浓度	concentration of ferroparticles
D	铁磁颗粒扩散系数	diffusion coefficient of ferroparticles
M_d	粒子材料的局部磁化	domain magnetization of the particle material
ξ	无量纲磁场	dimensionless magnetic field
$L(\xi)$	朗之万函数	Langevin function
η	动力学粘性系数 (剪切粘性)	kinetic viscosity coefficient(shear viscosity)
η_c	铁磁流体剪切粘性	shear viscosity of ferrofluid
χ	初始磁化率	initial magnetic susceptibility
Φ	热力学势	thermodynamic potential
τ_B	布朗松弛 (扩散) 时间	Brownian diffusion time
τ	弛豫 (松弛) 时间	relaxation time
τ_N	N 扩散时间	N diffusion time
ω	磁场频率	magnetic field's frequency
T_0	绝对温度	adiabatic temperature
n	法向的	normal
t	切向的	tangential

Re	雷诺数	Reynolds number
M_ω	角动量	angular momentum
μ_{ij}	各向异性常数	anisotropy constant
$\boldsymbol{A}$	反对称张量	antisymmetric tensor
$\boldsymbol{S}$	对称张量	symmetric tensor
A_{ij}	非 (不) 对称张量	asymmetric tensor
p	压力	pressure
$\boldsymbol{a}$	矢量	vector
B	邦德数	Bond number
$\boldsymbol{f}$	体积力	body force
τ_ν	粘性应力	viscous-stress
κ	导热系数	thermal conductivity
$M\nabla H$	开尔文力	Kelvin stress
$\boldsymbol{\Phi}_{\mathrm{m}}$	磁通量	magnetic flux

附表 2 重 要 名 词

铁磁流体动力学	ferrohydrodynamics
铁磁流体力学	ferrofluid mechanics
麦克斯韦方程组	Maxwell's equations
磁场	magnetic field
铁磁流体	ferrofluid
剩磁	remanence
矫顽磁性 (力)	coercivity
永磁铁	permanent magnets
安培定律	Ampere's law
洛伦兹力	Lorentz stress
交变张量	alternating tensor
磁致热效应	magnetocaloric effect
磁粘性效应	magnetoviscous effect(MVE)
润滑剂滞留	lubricant retention
磁致热功率	magnetocaloric power
真空	vacuum
反铁磁性	antiferromagnetism
水基铁磁流体	aqueous ferrofluid
本构关系	constitutive relations
达西定律	Darcy's law
两相流	two-phase flow
贝纳德对流	Bènard convection
伯努力方程	Bernoulli equation
能量守恒	energy conversion
轴承密封	rotary shaft seal
贝塞尔方程	Bessel equation
迷宫不稳定性	labyrinthine instability
梯度场	gradient field
边界条件	boundary conditions
边界层	boundary layer
平板	flat plate
转矩驱动流	torque-driven flow

布朗运动	Brownian motion
胶体的	colloidal
气泡	bubbles
流化床	fluidized beds
复合材料	composite material
磁致伸缩的	magnetostrictive
热力学的	thermodynamic
卡诺循环	Carnot cycle
柯西运动方程	Cauchy equation of motion
柯西应力原理	Cauchy stress principle
厘米–克–秒制	CGS units
聚集	clustering
浮力	buoyancy force
重力场	gravitational field
胶体稳定性	colloidal stability
磁颗粒	magnetic particles
金属基铁磁流体	metallic base ferrofluid
范德瓦耳斯力	van der Waals forces
本构守恒律	constitutive laws
角动量守恒	angular-momentum conservation
电磁场矢量	electromagnetic field vectors
连续性方程	continuity equation
欧拉公式	Eulerian's formula
拉格朗日公式	Lagrangian's formula
雷诺输运定理	Reynolds'transport theorem
本构关系	constitutive relations
超顺磁性	superparamagnetism
居里温度	Curie temperature
铁磁固体颗粒	ferromagnetic particles
磁致热的	magnetocaloric
多孔介质流	porous media flow
退磁系数	demagnetization factor
反磁性	diamagnetism
电介质流体	dielectric fluids
瑞利数	Rayleigh number
雷诺数	Reynolds number
偶极子	dipole
相互作用能	interaction energy

分散剂	dispersion agent
流体界面	fluid interfaces
开尔文–亥姆霍兹	Kelvin-Helmholtz
数学表达式	mathematical representation
散度定理	divergence theorem
张量	tensor
恩肖定理	Earnshaw's theorem
卡诺循环	Carnot cycle
特征值问题	eigenvalue problem
悬浮液	suspension
电动势	electromotive force
能量守恒	energy conversion
能量密度	energy density
电磁场	electromagnetic field
静磁的	magnetostatic
运动方程	motion equation
Neuringer-Rosensweig 模型	Neuringer-Rosensweig model
状态方程	equation of state
居里–外斯定律	Curie-Weiss law
电水动力学	electrohydrodynamics
Ergun 方程	Ergun equation
表面波共振	surface-waves resonance
铁氧体磁性	ferrimagnetism
可压缩性	compressibility
导电性	electrical conductivity
热磁系数	pyromagnetic coefficient
比热	specific heat
表面张力	surface tension
热膨胀系数	thermal-expansion coefficient
对流传热	convective heat transfer
指法不稳定性	fingering instability
不可逆的	irreversible
可逆的	reversible
磁压	magnetic pressure
傅里叶分析	Fourier analysis
伽利略变换	Galilean transform
高斯定律	Gauss's laws
吉布斯记号	Gibbs's notation

重力波	gravity wave
哈马克常数	Hamaker constant
传热与传质	heat and mass transfer
亥姆霍兹自由能	Helmholtz free energy
迟滞现象	hysteresis
滞后角	lag angle
界面张力	interfacial force
内部角动量	internal angular momentum
扩散抛物化方程	diffusion parabolized equations
抛物化稳定性方程	parabolized stability equations
Davis 型方程	Davis form equations
Golovachev 型方程	Golovachev form equations
Gaozhi 型方程	Gaozhi form equations
浸没体力	immersion strength
椭圆特性	elliptical characteristics
等温过程	isothermal process
运动学条件	kinematic condition
克罗内克符号	Kronecker delta
水平的	horizontal
垂直的	vertical
朗之万函数	Langevin function
拉普拉斯方程	Laplace's equation
柱坐标	cylindrical coordinates
硬磁	hard magnet
磁扰动势	magnetic perturbation potential
压力扰动	pressure perturbation
球面坐标	spherical coordinates
速度势	velocity potential
莱布尼茨公式	Leibniz's formula
无磁性	nonmagnetic
洛伦兹变换	Lorentz transformation
磁畴	magnetic domains
磁能	magnetic energy
磁化物质	magnetized matter
磁性流体	magnetic fluid
磁力	magnetic force
铁磁流体体积	volume of ferrofluid
磁感应强度	magnetic induction

软磁	soft magnetic
磁导率	magnetic permeability
磁偶极子	magnetic dipole
面密度	surface density
体密度	volume density
饱和磁化强度	magnetic saturation
磁力功	magnetic work
磁性 (磁学)	magnetism
磁铁矿	magnetite
粒度	particle size
磁化曲线	magnetization curve
磁松弛	magnetization relaxation
磁致热循环效率	magnetocaloric cycle efficiency
铁磁流体表面	ferrofluid surface
不可再生的	nonregenerative
磁致热泵	magnetocaloric heat pump
磁致热效率	magnetocaloric heating efficiency
磁致冷效率	magnetocaloric cooling efficiency
质量守恒	mass conservation
电荷守恒	charge conservation
麦克斯韦应力张量	Maxwell stress tensor
平均曲率	mean curvature
毛细压力	capillary pressure
动量守恒	momentum conservation equation
Monge 表示法	Monge representation
可再生的	regenerative
蒙特卡罗计算	Monte Carlo computation
Néel 松弛	Néel relaxation
多相流	multiphase flow
纳维–斯托克斯方程组	Navier-Stokes equations
两相流	two-phase flow
薄膜	thin-film
法向应力边界条件	normal-stress boundary condition
顺磁性	paramagnetism
渗透率	permeability
切向的	tangential
分散剂	dispersing agent

能流密度矢量	Poynting vector
界面磁法向的	interfacial magnetic normal
赝 (伪) 矢量	pseudovector
热磁系数	pyromagnetic coefficient
瑞利数	Rayleigh number
梯度磁场	magnetic gradient field
瑞利泰勒不稳定性	Rayleigh-Taylor instability
松弛时间	relaxation time
布朗定向的	Brownian orientational
排斥	repulsion
雷诺应力	Reynolds stresses
雷诺输运定理	Reynolds' transport theorem
铁磁流体耦合应力	ferrofluid's coupling stress
铁磁流体粘性	ferrofluid's viscosity
牛顿流体	Newtonian fluid
铁磁流体的涡粘性	vortex viscosity of the ferrofluid
饱和磁化强度	saturation magnetization
国际标准单位	SI units
小扰动分析	small-disturbance analysis
比热	specific heat
旋转粘度	spin viscosity
体积分数	volume coefficient
切变系数	shear coefficient
驻波	standing wave
位阻	steric hindrance
排斥力	steric repulsion
位阻稳定机制	steric stabilization
流变学	rheology
斯托克斯方程	Stokes equation
应力张量	stress tensor
铁磁流体静力学	ferromagnetic fluid statics
流管	stream tube
随体导数	substantial derivative
超导体	superconductor
表面速度	superficial velocity
超顺磁性	superparamagnetism

表面吸附	surface adsorption
磁化系数	susceptibility
符号表示法	symbolic notation
对称破缺	symmetry breaking
泰勒波长	Taylor wavelength
热能	thermal energy
热力学第一定律	first law of thermodynamics
热力学第二定律	second law of thermodynamics
总角动量	total angular momentum
牵引力	traction force
范德瓦耳斯吸引力	van der Waals attraction
London 模型	London model
空隙的	interstitial
摄动	perturbation
速度势	velocity potential
粘塑性的	viscoplastic
空隙率	voidage
涡量	vorticity
波长	wave length
波数	wave number
循环过程	cyclic process
铁磁颗粒半径	particle diameter
电偶极子	electric dipole

彩　　图

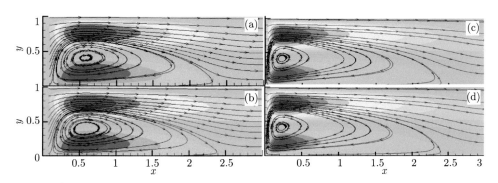

图 7.3　两平板间铁磁流体热传导扩散抛物化简化方程的速度 u 的流场图 (彩色部分)

及速度u 的流线图 (黑线)

(a) $Ra_{\mathrm{m}} = 0$, NS 方程组; (b) $Ra_{\mathrm{m}} = 10000$, NS 方程组; (c) $Ra_{\mathrm{m}} = 0$, 扩散抛物化方程组;

(d) $Ra_{\mathrm{m}} = 10000$, 扩散抛物化方程组

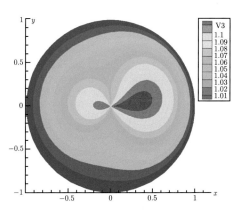

图 8.7　一般情况的二维无量纲压力分布图

图中坐标为无量纲抛光垫的直径

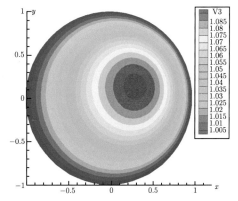

图 8.8　考虑离心力的二维无量纲压力分布图

图中坐标为无量纲抛光垫的直径

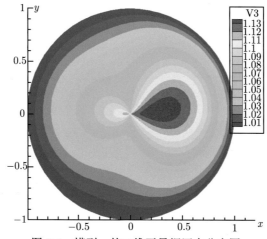

图 8.9 模型一的二维无量纲压力分布图

图中坐标为无量纲抛光垫的直径

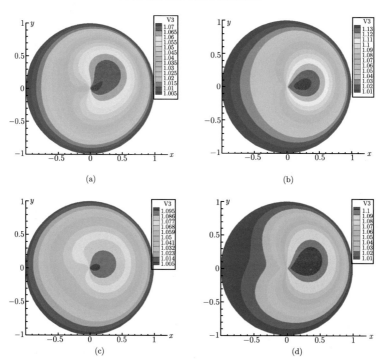

(a)

(b)

(c)

(d)

图 8.13 标准初始条件下考虑对流效应且有外界磁场作用的压力分布图
图中坐标为无量纲抛光垫的直径. 外界磁场分别为:

(a) $\boldsymbol{H} = \left(\dfrac{1}{\sqrt{2\,\pi}} \times (10^5 + 10^5 x), 0 \right)^{\mathrm{T}}$; (b) $\boldsymbol{H} = \left(\dfrac{-1}{\sqrt{2\,\pi}} \times (10^5 + 10^5 x), 0 \right)^{\mathrm{T}}$;

(c) $\boldsymbol{H} = \left(0, \dfrac{1}{\sqrt{2\,\pi}} \times (10^5 + 10^5 y) \right)^{\mathrm{T}}$; (d) $\boldsymbol{H} = \left(0, \dfrac{-1}{\sqrt{2\,\pi}} \times (10^5 + 10^5 y) \right)^{\mathrm{T}}$